# 미용학개론

이지현 · 윤경아 · 김종숙 · 유혜경 · 윤현경 · 이행숙

경춘사

# 미용학개론

**지은이** 이지현, 윤경아, 김종숙, 유혜경, 윤현경, 이행숙
**발행인** 안민웅
**발행처** 도서출판 경춘사
**등록번호** 제1987-13(1987. 11. 28)

**인쇄** 2023년 2월 16일
**발행** 2023년 2월 25일

서울시 마포구 마포대로 14길 31-9
경춘빌딩 101호

**전화** (02)716-2502, 714-5246
**팩스** (02)704-0688
**www.kcpub.co.kr**

값 20,000원

ISBN 978-89-5895-203-9 93590

# 들어가는 말

미용 교육에 대한 인식 향상으로 미용 고교 및 미용 대학과 그 이상의 교육 기관에서 전문 교육이 이루어지고 있는 시점에서 미용에 첫발을 내딛는 학생들을 위한 가장 기초적이고 기본이 되는 내용을 쉽게 집필한 입문서입니다.

기존의 미용학 개론 도서는 헤어와 피부를 중심으로 구성되어 있습니다. 부족하지만 헤어나 피부 영역 외에도 공중보건 및 생리학, 메이크업과 특수분장, 네일 아트, 화장품 및 아로마 테라피, 컬러와 퍼스널 컬러까지 담고 있습니다. 물론, 기본이 되는 모발 과학 및 두피 관리, 헤어 커트, 헤어 컬러링, 퍼머넌트, 드라이, 피부과학 및 피부관리 테크닉 등 모두 정리하였습니다.

본 저자들은 미용 전공별로 현장과 교단에서 그동안의 축적한 미용 지식과 실전 테크닉을 선별하여 최대한 쉽고 자세하게 서술하여 누구나 미용에 대한 기본을 학습할 수 있도록 구성하였습니다.

세련된 감각과 느낌이 있는 전문가들, 그리고 전문가가 되고자 하는 학생들에게도 유용한 지침서가 되었으며 하는 바람입니다. 끝으로 이 책이 출간하기까지 도움을 주시고 현보해 주신 도서출판 경춘사 사장님과 여러 선생님들께 감사를 드립니다.

2023년 2월 공저자 일동

# CONTENT

CHAPTER 01 공중보건학 / 007

CHAPTER 02 인체생리학 / 021

CHAPTER 03 미용도구 및 미용기기 / 041

CHAPTER 04 헤어 샴푸 및 컨디셔너 / 055

CHAPTER 05 헤어 커트 / 061

CHAPTER 06 퍼머넌트 웨이브 / 073

CHAPTER 07 헤어 세팅 / 079

CHAPTER 08 모발 및 두피관리 / 097

CHAPTER 09 헤어 컬러링 / 109

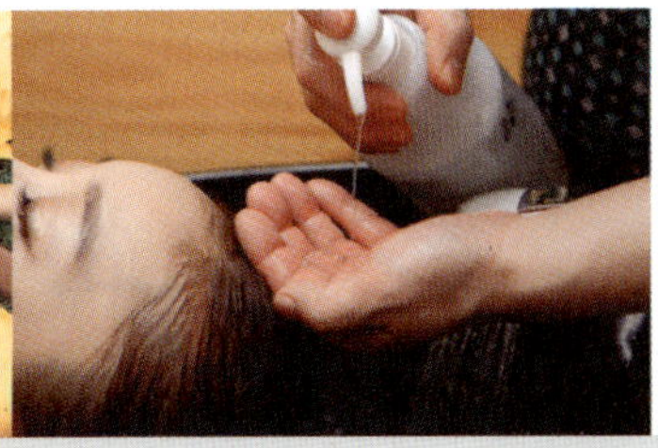


CHAPTER **10** 피부과학 / 117

CHAPTER **11** 화장품학 / 129

CHAPTER **12** 아로마테라피 / 139

CHAPTER **13** 메이크업&분장 / 147

CHAPTER **14** 컬러와 퍼스널컬러 / 167

CHAPTER **15** 네일아트 / 197

CHAPTER **16** 미용경영과 마케팅 / 223

저자소개 & 참고문헌 / 240

CHAPTER **01**

# 공중보건학

**학습 목표**

미용인으로 성장하기 위한 필수 요소인 공중보건의 의미와 위생 및 질병의 종류를 알아보고 미용이 공중위생업임을 이해할 수 있다.

# 1. 공중보건학의 개념

## 1) 공중보건학의 정의

공중보건학의 대상은 개인이 아니라 광범위하게 지역사회의 전체 주민을 대상으로 하며, 미국의 세균학자이자 공중보건 전문가인 윈슬로(E.A Winslow)는 조직화된 지역사회의 노력으로 질병예방, 수명연장, 육체적 · 정신적 효율의 증진을 공중보건이라 한다.

## 2) 공중보건학의 범위

윈슬로(E.A Winslow) & 헬런(Hanlon)의 공중보건의 범위로는 환경보건, 보건관리, 질병관리 분야로 나뉜다.

〈 표 1-1 〉 공중보건의 범위

| 구 분 | 범 위 |
|---|---|
| 환경 보건 분야 | 환경위생, 식품위생, 환경보전, 공해, 산업환경 |
| 보건 관리 분야 | 보건행정, 보건영양, 인구보건, 모자보건, 가족보건, 노인보건, 학교보건, 보건교육, 보건통계, 보건정보관리, 정신보건, 사고, 중독관리 |
| 질병 관리 분야 | 역학, 전염병 관리, 성인병 관리, 기생충 관리 |

## 3) 건강의 정의

세계보건기구 (W.H.O) 헌장(1948)에 의한 건강의 정의로는 건강이란 단순히 질병이 없고 허약하지 않은 상태만을 의미하는 것이 아니라, 육체적 · 정신적 · 사회적으로 완전히 안녕한 상태를 의미한다.

### 4) 건강 측정 지표

〈 표 1-2 〉 건강과 보건지표

| 건 강 지 표 | 보 건 지 표 |
|---|---|
| • 개인, 가족, 사회 또는 인구 단위의 건강수준이나 특성을 설명하는 수량적 내용으로 축소된 한계의 개념<br>– 비례사망지수, 평균수명, 보통사망률, 영아사망률, 질병이환률, 기생충감염률 | • 국민의 보건 규범과 가치관 등 여러 내용의 수준이나 구조 또는 특성을 설명할 수 있는 수량적 크기<br>– 보건정책, 의료제도, 자연환경, 인구규모, 보건규범, 가치관 |

## 2. 역학 및 질병관리

### 1) 역학의 정의

역학이란 히포크라테스의 에피데믹(Epidemic)에서 유래 (어원적 의미: 인구에 관한 학문)하며 집단 내에 발생하는 질병의 빈도와 분포를 결정하는 요인들에 관하여 연구하는 학문을 말한다.

### 2) 역학적 인자

〈 표 1-3 〉 질병의 3대 요인 및 특성

| 요 인 | 특 성 |
|---|---|
| 병인 요인 | • 질병을 일으키는 직접적인 요인<br>– 세균, 바이러스, 곰팡이, 기생충<br>– 대기, 수질오염, 정서적 긴장, 스트레스, 습관 |
| 숙주 요인 | • 숙주의 병인에 대한 감수성과 면역기전에 좌우되며, 내외적 요인의 상호 작용에 결정<br>– 유전적 인자, 성별, 연령, 과거 질병, 영양상태, 성격<br>– 경제적 수준, 가족형태, 직업 |
| 환경 요인 | • 질병발생을 일으키는 외적인 요인<br>– 병원소, 매개체, 식품, 약품<br>– 공기, 기온, 음료수, 소음<br>– 사회조직, 경제적 상태, 생활습관, |

### 3) 전염병의 생성 과정

병원체 → 병원소 → 병원소로부터 병원체의 탈출 → 병원체의 전파 → 병원체의 신숙주 내 침입 → 숙주의 감수성 (면역)으로 전염병이 생성되는 과정을 거친다.

#### (1) 병원체

병원체의 바이러스, 세균, 진균, 리케차, 원충, 기생충에 의해 전염병이 생성되며 특징에 따라 나뉠 수 있다.

〈 표 1-4 〉 병원체의 종류 및 특성

| 종 류 | 특 성 |
|---|---|
| 바이러스 | • 병원체 중 가장 작고, 항생물질에 대한 감수성이 낮음<br>– 간염, 홍역, 뇌염, 인플루엔자, 소아마비, 천연두 |
| 세균 | • 나선균(콜레라균)<br>간균(디프테리아, 장티푸스, 결핵균) ,구균(포도상구균, 폐렴균) |
| 진균, 사상균 | • 아포형성 식물로 곰팡이, 버섯, 효모<br>– 피부사상균, 칸디다 (전염력있음) |
| 리케차 | • 세균과 바이러스의 중간 크기, 화학요법 감수성 있음.<br>진핵생물체의 세포에 기생 및 감염<br>– 발진티푸스, 발진열, 록키산 홍반열, 양충병 |
| 원충류 | – 말라리아, 아메바성 이질, 아프리카 수면병 |
| 기생충 | – 말라리아병원충, 일본주혈흡충, 간디스토마, 폐디스토마, 선모충 |

#### (2) 병원소

병원소는 병원이 머물며 전파하는 것으로 인간병원소, 동물병원소, 토양병원소로 나뉜다.

〈 표 1-5 〉 병원소의 종류

| 병 원 소 | 구 분 | | |
|---|---|---|---|
| 인간병원소 | 현성감염자 | | • 질병이 있음을 인지할 수 있는 자 |
| | 불현성감염자 | | • 질병이 있음을 인지할 수 없는 자 |
| | 보균자 | 회복기 | • 세균성 이질, 디프테리아 |
| | | 잠복기 | • 디프테리아, 홍역, 백일해 |
| | | 건강 | • 디프테리아, 폴리오, 일본뇌염 |
| 동물병원소 | • 소 : 결핵, 탄저, 파상열, 살모넬라<br>• 돼지 : 살모넬라, 파상열, 탄저, 일본뇌염<br>• 양 : 탄저, 파상열, 브루셀라증<br>• 개 : 광견병(공수병), 톡소플라스마증<br>• 말 : 탄저, 유행성뇌염, 살모넬라증<br>• 쥐 : 페스트, 발진열, 살모넬라증, 랩토스파라증<br>• 고양이 : 살모넬라증, 톡소플라스마증 | | |
| 토양병원소 | • 파상풍 | | |

### (3) 병원소로부터 병원체의 탈출

전염병이 생성되는 과정에서 병원체가 탈출하는 방법으로 호흡기 탈출, 소화기탈출, 비뇨생식기 탈출, 개방병소로 탈출, 기계적 탈출로 나뉜다.

〈 표 1-6 〉 병원체의 탈출 경로

| 탈 출 | 특 징 | 질 병 |
|---|---|---|
| 호흡기계통 탈출 | • 대화, 기침, 재채기를 통해 전파 | 폐결핵, 폐렴, 백일해, 홍역, 수두, 천연두 |
| 소화기계통 탈출 | • 분변, 구토물을 통한 배출 | 이질, 콜레라, 장티푸스, 파라티푸스, 폴리오 |
| 비뇨생식기계통 탈출 | • 소변, 성기 분비물 | 성병 |
| 개방 병소로 직접 탈출 | • 농양, 피부병, 상처 부위 | 나병 |
| 기계적 탈출 | • 흡혈 곤충 및 주사기에 의한 탈출 | 발진열, 발진티푸스, 나병 |

### (4) 전파

전염병이 전파하는 방법으로 매개체가 없는 직접 전파와 간접전파로 나뉜다.

〈 표 1-7 〉 전염병의 전파 방법 및 특징

| 방 법 | 특 징 |
|---|---|
| 직접 전파 | • 매개체 없이 직접 전파<br>– 감기, 결핵, 홍역(호흡기계 질병)<br>– 성병, 피부병(접촉에 의한 질병) |
| 간접 전파 | • 물, 식품, 생활 용구, 수술기구, 파리, 모기, 벼룩, 흡충류, 중간숙주 |

### (5) 숙주의 감수성(면역)

전염병의 확산을 막는 방법으로 숙주의 감수성 즉, 면역을 말하며 이는 선천적 면역, 후천적 면역으로 나뉜다.

〈 표 1-8 〉 면역의 종류

| 면 역 | 특 징 | |
|---|---|---|
| 선천적 면역 | • 인종, 종족, 개인의 특이성 | |
| 후천적 면역 | • 능동면역 | 자연 능동면역 : 질병 이환 후 |
| | | 인공능동면역 : 예방접종 |
| | • 수동면역 | 자연수동면역 : 모체〉태아 (태반, 모유 수유) |
| | | 인공수동면역 : 면역활성투입 |

## 3. 보건

### 1) 보건지표

세계보건기구 (W.H.O)에서 한 나라의 건강 수준을 다른 국가들과 비교할 수 있도록 평균수명, 조사망률, 비례사망지수를 통해 보건지표를 나타낸다. 특히, 비례 사망지수가 낮은 것은 높은 영아 사망률과 낮은 평균수명에 원인이 있는 것으로 건강 수준이 낮음을 나타낸다.

〈 표 1-9 〉 보건 지표

| 지 표 | 특 징 |
|---|---|
| 평균 수명 | • 생명표 상의 출생 시 평균 여명 |
| 조 사망률 | • 인구 1,000명당 1년간의 전체 사망자 수 |
| 비례 사망 지수 | • 연간 전체 사망자 수에 대한 50세 이상의 사망자수의 구성비율, 평균수명, 조사망률의 보정지표 |

## 2) 인구 구성형태

### (1) 피라미드형

인구 증가형의 인구 구성형태로 후진국에서 많이 발견되며 출생률이 사망률 보다 높다.

### (2) 종형

인구 정지형으로 출생률과 사망률이 모두 낮아 가장 이상적인 인구 형태이다.

### (3) 항아리형

인구 감퇴형으로 출생률이 사망률 보다 낮은 선진국 인구 형태이다.

### (4) 별형

도시형으로 인구 유입형이다.

### (5) 호로형

농어촌형으로 인구 유출형이다.

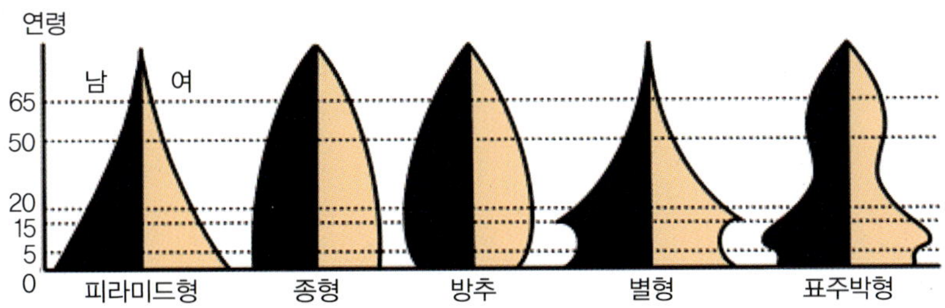


〈 그림 1-1 〉 인구 모형

### 3) 환경보건

세계보건기구(W.H.O)에서 환경위생은 인간의 신체발육, 건강 및 생존에 유해한 영향을 미치거나 미칠 가능성이 있는 인간의 물리적 생활 환경에 있어서의 모든 요소를 통제하는 것을 말한다.

#### (1) 기후

어떠한 장소에 매년 반복되는 대기현상의 평균 상태를 말한다.

– 기후의 3요소 : 기온(18±2℃), 기습(40~70%), 기류

#### (2) 공기

공기의 조성은 질소(78%), 산소(21%), 아르곤(0.9%), 이산화탄소(0.03%)이다.

#### (3) 대기오염

산업의 다양화, 교통기관의 증가, 각종 연료의 연소과정, 화학 반응 과정, 물질의 물리적 변화과정에서 발생한다.

〈 표 1-10 〉 대기오염물질 및 인체 영향

| 대기오염물질 | 인체에 끼치는 영향 | 공기 자정작용 |
|---|---|---|
| 황산화물(SOx) | • 만성기관지염, 호흡기계 질환 | • 공기의 희석력<br>• 자외선의 살균작용<br>• 식물의 $CO_2$ & $O_2$교환<br>• 강설, 강우의 분진 세정작용<br>• 산소, 오존, 과산화수소 등에 의한 산화작용 |
| 질소산화물(NOx) | • 혈액에 독으로 작용 | |
| 일산화탄소(CO) | • 체내 생리 기능 장애 | |
| 탄화수소(HC) | • 산화성 물질을 발생 | |
| 납(Pb) | • 신경염, 두통, 현기증 | |
| 오존($O_3$) | • 피부, 눈 자극 | |

#### (4) 수질오염

수질오염은 수질의 용존산소, 생물학적 산소요구량, 화학적 산소 요구량에 따라 수질

의 지표로 나타내며, 이러한 수질 오염의 피해로는 미나마타병(수은중독), 이따이이따이병(카드뮴중독)이 있다.

〈 표 1-11 〉 수질 오염 지표

| | |
|---|---|
| 용존산소(DO) | • 수중에 녹아 있는 산소량 |
| 생물학적 산소 요구량(BOD) | • 수중에 존재하는 유기물질을 미생물이 산화, 분화하여 안정화하는데 필요한 산소의 양(하천, 도시하수 오염지표) |
| 화학적 산소 요구량(COD) | • 수중에 존재하는 유기물을 산화제를 사용하여 화학적 산화될 때 소모되는 용존산소량(해역, 호수 등의 수질오염 지표) |

### 4) 식품위생 및 기생충

#### (1) 식중독

식품 섭취로 발생하는 급성위장염을 주 증상으로 하는 건강 장애를 식중독이라 하며, 식중독은 세균, 세균성 독소, 자연 유독물, 유해 화학물질이 식품에 첨가 또는 오염되어 발생한다.

〈 표 1-12 〉 식중독의 분류

| 분 류 | | 원 인 |
|---|---|---|
| 세균성식중독 | 감염형 | • 살모넬라균, 장염비브리오균, 병원성 대장균 식중동 |
| | 독소형 | • 포도상구균, 보툴리누스균(치명률 높음), 웰치균 |
| 자연 독 식중동 | | • 무스카린(버섯), 에르고톡신(맥각), 솔라닌(감자의 싹)<br>• 아미그달린(청매), 고시풀(목화씨), 시큐톡신(독미나리)<br>• 테트로톡신(복어), 패류중독(모시조개, 굴, 검은 조개) |
| 화학물질에 의한 식중독 | | • 불량 첨가물, 기구, 용기, 포장 용출되는 물질, 방사능 오염 |

#### (2) 기생충

인간 및 동물에 기생하여 사는 기생충은 음식의 섭취 및 위생에 의해 감염되어 건강 장애를 일으킨다. 이러한 기생충의 종류로는 선충, 흡충, 조충류로 나눌 수 있으며, 감염경로와 일으키는 증상에 대해 알아 기생충으로의 질병을 예방할 수 있다.

〈 표 1-13 〉 선충의 종류 및 예방 방법

| 종 류 | | 증 상 | 예 방 |
|---|---|---|---|
| 선충 | 회충 | • 발열, 소화장애, 구토, 복통 | • 분변의 위생적 처리 및 야채 생식 유의 |
| | 구충 | • 기침, 구토, 빈혈 | • 세척, 위생 |
| | 요충 | • 항문 주위 가려움 | • 내의, 침실 청결 |

〈 표1-14 〉 기생충의 종류와 예방 방법

| 종류 | | 감 염 | 예 방 |
|---|---|---|---|
| 흡충류 | 간디스토마 | • 1차숙주(우렁이)<br>• 2차숙주(민물고기)<br>– 민물고기의 생식, 오염된 물, 조리도구 | • 민물고기 생식 금지 |
| | 폐디스토마 | • 1차숙주(다슬기),<br>• 2차숙주(가재, 게)<br>– 감염된 게, 가재 생식 | • 가재, 게의 생식 금지 |
| 조충류 | 유구조충 | • 돼지고기 | • 충분한 가열 |
| | 무구조충 | • 소고기 | • 충분한 가열 |
| | 광절열두조충 | • 감염된 물고기 | • 송어, 연어의 생식 금지 |
| | 아나사키스충 | • 바다생선 | • 바다 생선의 생식 주의 |

## 4. 소독

### 1) 소독의 개념

소독은 병의 감염이나 전염을 막기 위하여 병원균을 죽이는 것을 말한다. 소독은 저항력이 없는 박테리아 포자와 같은 모든 미생물을 죽이지는 않으며 모든 종류의 생물을 죽일 수 있는 살균보다는 그 영향이 덜한 것을 말하나, 살균은 포자는 사멸하지 못하는 특징을 가지고 있다.

〈 표 1-15 〉 소독의 정의 및 분류

| 용 어 | 정 의 |
|---|---|
| 소독 | • 병원 미생물의 감염력을 무력화(미생물 사멸 가능, 포자 사멸 불가능) |
| 살균 | • 병원성 미생물을 사멸 |
| 멸균 | • 병원성·비병원성 미생물 및 포자 등 완전 사멸 |
| 방부 | • 미생물의 발육, 성장을 억제 또는 정지하여 부패나 발효를 방지 |

## 2) 병원성 미생물

인간 및 동물에게 질병을 줄 수 있는 병원성 미생물의 특징과 이러한 미생물의 증식 환경의 특성 및 종류를 알고 전염을 예방할 수 있다. 이러한 미생물의 종류와 생육환경에 대해 알아보자.

### (1) 미생물의 분류 및 특성

인간 및 동물에게 치명적인 질병을 줄 수 있는 병원성 미생물은 세균, 바이러스, 진균, 리케차, 원생동물로 나뉘며 이를 통한 질병의 종류 또한 나뉜다.

〈 표 1-16 〉 미생물의 분류

| 분 류 | | 특 징 | 병 원 균 |
|---|---|---|---|
| 세균 | 구균 | • 공모양 | • 포도상구균, 연쇄상구균, 유행성뇌척수막염균, 폐렴균 |
| | 간균 | • 가느다란 막대기 모양 | • 탄저균, 파상풍균, 결핵균, 이질균, 장티푸스, 디프테리아 |
| | 나선균 | • 긴 나선균, 코일모양 | • 매독균, 렙토스피라 |
| 바이러스 | | • 독립적 대사 불가능<br>• 식물, 동물에 기생<br>• 항생제 효과 없음 | • 뇌염, 인플루엔자, 헤르페스, 홍역, 폴리오, 천연두, AIDS, 유행성이하선염 |
| 진균류 | | • 포자형태<br>• 버섯, 효모, 곰팡이 | • 족부백선, 수부백선, 두부백선, 조갑백선 |
| 리케차 | | • 바이러스와 세균 중간<br>• 이, 벼룩, 진드기 기생 | • 쯔쯔가무시병, 발진열, 발진티푸스, 유행성출혈열 |
| 원생동물 | | • 단세포<br>• 원시동물 | • 트리코모나스, 아메바이질 |

### (2) 미생물의 환경

병원성 미생물은 인간 및 동물의 건강에 영향을 끼치는 미생물로, 병원성 미생물의 생육 환경을 알아 미생물의 증식을 제한하고, 병원성 성질을 억제할 수 있다.

이러한 미생물의 생존 환경 조건은 온도, 산소, pH, 영양으로 생존온도는 0~70℃이며, 최적 발육 온도 28~32℃이다. 산소는 미생물의 증식에 중요한 조건으로 산소를 필요로 하는 미생물과 산소에 의해 증식환경이 저해되는 미생물이 있다. 이를 호기성 세균, 혐기성 세균이라 하며 호기성 세균으로 결핵균, 디프테리아, 백일해가 있으며, 혐기성 세균으로 파상풍균, 보툴리누스균이 있다. pH(수소이온농도)는 6.5~7.5 중성 상태일 때 미생물의 증식 환경이 최적이다.

## 3) 소독 방법

병원균의 병원력을 없애기 위해 소독을 하게 되는데, 소독 방법으로 물리적 방법과 화학적 방법으로 나뉠 수 있다.

### (1) 물리적 소독 방법

〈 표 1-17 〉 물리적 소독 방법 및 특징

<table>
<tr><th colspan="3">방 법</th><th>특 징</th><th>사 용 종 류</th></tr>
<tr><td rowspan="9">열처리방법</td><td rowspan="3">건열법</td><td>건열멸균</td><td>• 170℃에서 1-2시간 가열</td><td>주사기, 유리기구</td></tr>
<tr><td>화염멸균</td><td>• 불꽃 속에서 20초 이상 가열</td><td>금속, 유리, 도자기</td></tr>
<tr><td>소각</td><td>• 불에 태워 멸균</td><td>병원균 오염된 거즈, 가운, 휴지</td></tr>
<tr><td rowspan="6">습열법</td><td>자비소독</td><td>• 100℃ 15분- 20분 가열</td><td>식기, 도자기, 의류</td></tr>
<tr><td>고압증기멸균</td><td>• 100-135℃ 20분간 고온수증기</td><td>통조림, 의류, 수술복, 거즈, 수술도구</td></tr>
<tr><td>간헐멸균</td><td>• 100℃ 유통증기 30-60분 멸균 3회 나누어 처리</td><td>금속, 도자기, 액상 재료</td></tr>
<tr><td>유통증기멸균</td><td>• 100℃ 유통증기 30-60분 가열</td><td>도자기, 식기</td></tr>
<tr><td>저온소독</td><td>• 62-63℃ 30분 가열</td><td>음식물 (우유)</td></tr>
</table>

| 비 열처리 방법 | 자외선 | • UVC 15-20분 소독 | 수술실, 미용용품 (가위, 붓) |
|---|---|---|---|
| | 초음파 | • 음파의 교반작용 | 식품, 액체 약품, 시약 |
| | 방사선 | • 미생물 세포 내 핵 교란 | 각종 용기, 플라스틱, 포장상품 |

## (2) 화학적 소독 방법

〈 표 1-18 〉 화학적 소독 방법 및 특징

| 종 류 | 특 징 | 사용종류 |
|---|---|---|
| 알코올 | • 70% 농도, 병원균의 단백질 응고 | 피부, 기구소독 |
| 크레졸 | • 크레졸비누액 3%, 손소독2% 사용 | 화장실, 하수구 |
| 석탄산(페놀) | • 석탄산 3%, 손소독2%, 금속 부식, 피부 자극 | 소독력의 살균지표 |
| 승홍수 | • 피부 소독0.1%, 금속부식, 온도 살균력 비례 | 사람 체질에 따라 부작용 |
| 역성비누 | • 양이온 계면활성제, 손소독, 세정력 없음 | 손, 기구 |
| 과산화수소 | • 2.5-3.5% 수용액 | 구강 상처, 구내염 |
| 생석회 | • 산화칼슘의 분말 | 재래식 화장실, 토사물 |
| 포름알데히드 | • 자극성 기체 | 넓은 장소 소독 |
| 포르말린 | • 포름알데히드(37%이상) 1-1.5% 수용액 | 세균, 바이러스, 곰팡이 살균, 방부 |
| 표백분 | • 물과 혼합하였을 때 염소가스 발생하여 살균 | 수영장, 목욕탕, 하수 소독 |

/ MEMO /

CHAPTER **02**

# 인체생리학

**학습 목표**

인체의 구조와 기능 및 생물학적 배경을 통해 학습하며 미용 지식과 접목하여 인체에 대한 이해를 높일 수 있다.

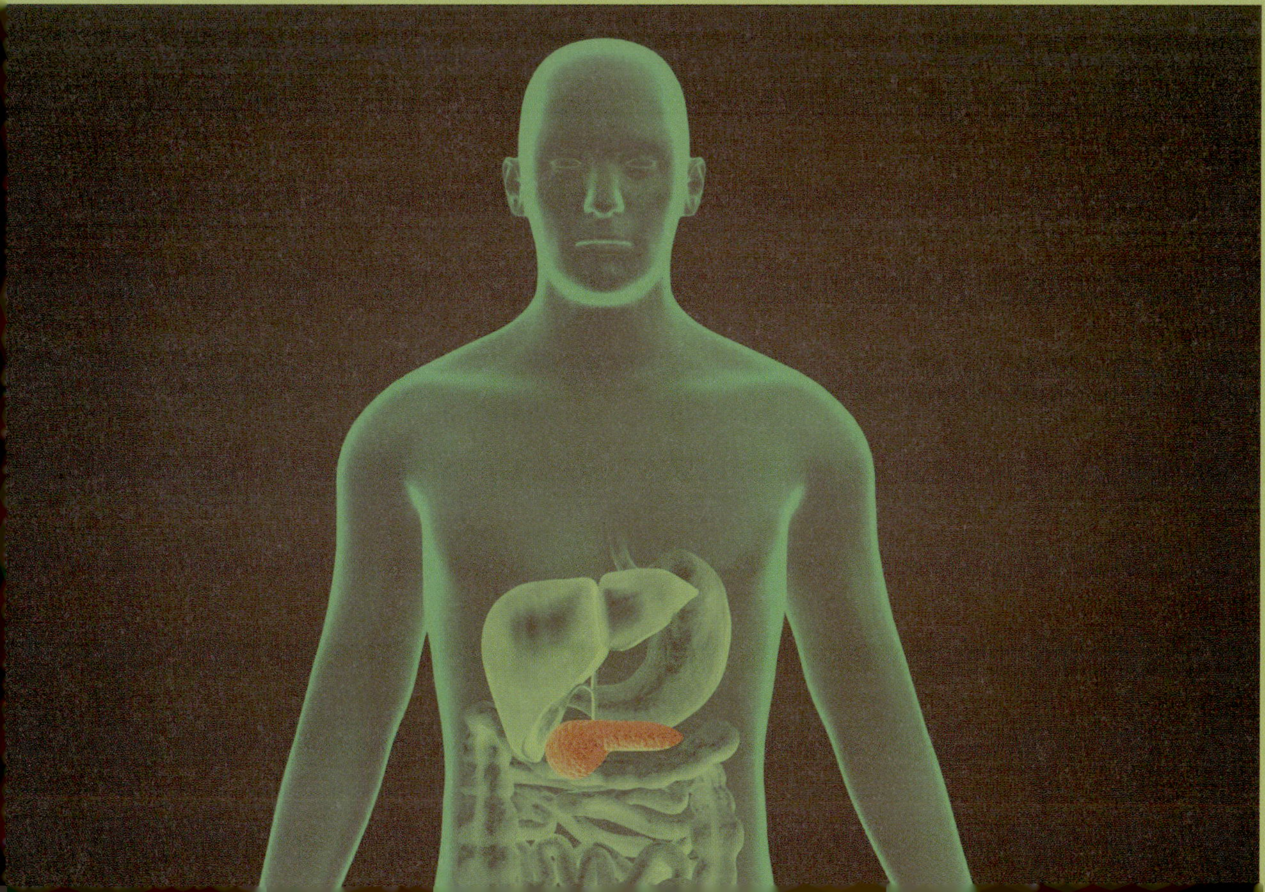

## 1. 생리학(Physiology)

### 1) 정의

인체생리학이란 인체를 구성하는 다양한 구조들의 기능과 활성과정을 연구하는 학문으로 생리적 과정의 근수축, 후각, 시각, 생명 유지 등을 말한다.

### 2) 생리 용어

인간이 생명을 유지하고 생활을 영위하기 위한 기본적인 생리작용으로 대사작용과 항상성이 있다.

① **대사**(Metabolism)

인간의 성장과 생식을 위해 음식이 복잡한 화학반응을 일으키는 과정을 대사라고 하며 대사작용은 동화작용과 이화작용으로 나뉘어 작용한다.

가. 동화작용(Anabolism) : 성장 및 생산을 위한 물질 생성하는 작용.

나. 이화작용(Catabolism) : 복잡한 물질을 간단한 물질로 분해하는 작용.

② **항상성**(Homeostasis)

인간이 생활하는데 다양한 자극에 반응하여 내적인 환경을 일정하게 유지하려는 생리적 과정을 항상성이라고 한다.

주변환경에 의해 깨진 평형 상태를 원래대로 복구하여 최적화된 상태로 만들려고 하는 것을 항상성 유지라 하고 대부분의 생명 현상은 항상성 유지와 관련있다. 사람의 온도가 일정하게 유지되는 것, 혈중 포도당 농도가 적정 수준으로 조절되는 것 등이 항상성 유지의 예이다.

## 2. 인체의 구성

### 1) 인체의 구조적 단계

인체는 원자와 원소로 시작하여 구조적, 기능적 기본단위인 세포를 이루고, 인체의 세포는 상피세포, 혈액, 신경세포, 근육세포 등으로 이뤄지며, 이러한 세포의 모임이 조직(tissue)이된다. 인체의 조직으로는 상피조직, 결합조직, 신경조직, 근육조직 등이 있으며, 그 조직의 특성으로 기관을 형성한다. 인체의 기관은 위, 심장, 근육, 신경 등으로 이루고 이러한 기관의 기능적 모임을 계통이라한다. 인체의 계통은 소화기계통, 순환기계통, 내분비계통으로 이뤄지며 이러한 계통의 모임으로 인체를 형성한다.

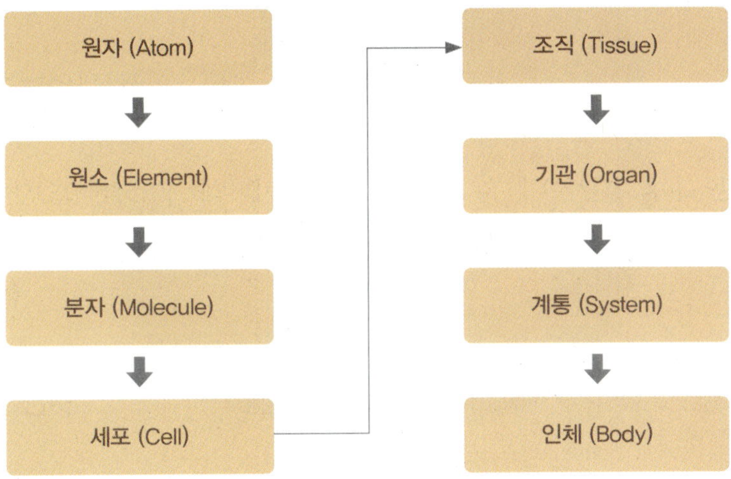


### 2) 세포(Cell)

#### (1) 정의

세포는 모든 살아 있는 것들에서 볼 수 있는 화학물질과 구조들로 형성된 생물의 기능적, 구조적 기능적단위를 말한다. 즉, 모든 생물은 세포로 이루어져 있다.

### (2) 기능

세포의 기능은 핵과 세포질, 즉 원형질의 기능이 대부분을 차지한다. 생식세포로서 작용, 동화·이화작용에 의한 물질대사 분비 및 흡수작용, 세포구조물의 연관성에 의한 특수 작용을 한다.

### (3) 세포의 구조

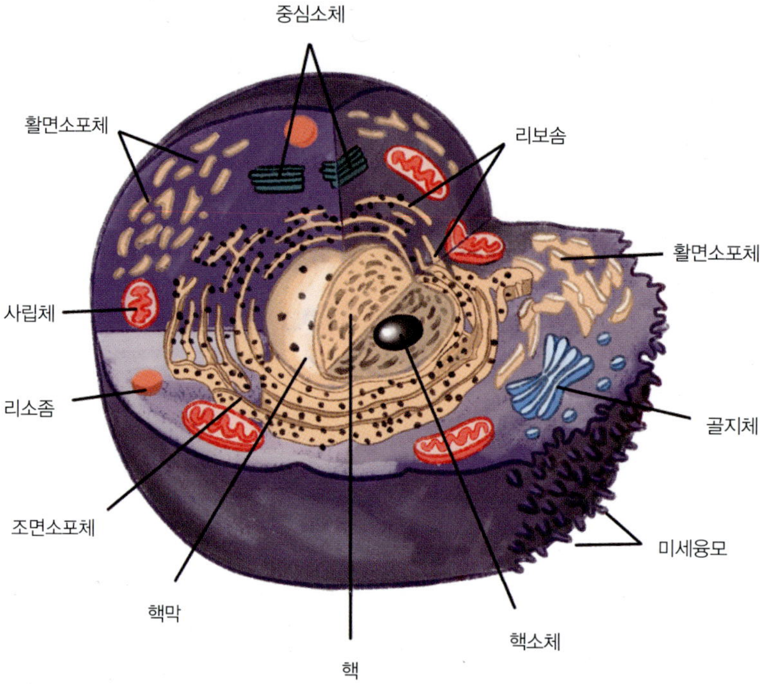


〈 그림 2-1 〉 세포의 기관

〈 표 2-1 〉 세포의 구조 및 기능

| 소기관 | 구 조 | 기 능 |
|---|---|---|
| 세포막 | • 단백질과 지질분자로 구성(2중 단위막) | • 세포의 생명활동과 출입활동<br>• 세포신호전달에 관여 |
| 미토콘드리아<br>(사립체) | • 막대모양 구조<br>내부 격막이 있는 막주머니 | • 세포활동에 필요한 에너지 합성 |

| | | |
|---|---|---|
| 리보솜 | • 단백질과 RNA분자로 구성 | • 단백질 합성 |
| 내형질세망 | • 막과 연결된 주머니, 도관, 소포의 복합체 | • 세포내로 물질운송, 지질합성<br>• 리보솜의 부착부위 제공 |
| 골지체 | • 핵과 근접해 있는 막으로 된 납작한 주머니가 겹쳐있음 | • 단백질을 변화시켜 분리<br>• 리보솜과 함께 세포막으로 분비 |
| 핵막 | • 세포질과 핵을 분리하는 이중막 | • 핵유지, 핵과 세포질 간 물질이동 조절 |

### (4) 세포막을 통한 물질 이동

세포막을 통한 물질의 이동은 제한적으로 이뤄지는데, 이러한 물질이동은 확산, 삼투, 여과, 능동이동으로 이동된다.

#### ① 확산

고 농도에서 저 농도로 물질 분자의 이동을 말한다.

#### ② 삼투

선택적 투과막을 통하여 수분이 확산되는 이동을 말한다.

#### ③ 여과

수분과 용해물질이 압력 차에 의해 막을 통과하는 이동을 말한다.

#### ④ 능동이동

수동이동과 달리 물질의 이동에 에너지가 필요한 이동이며, 적극적인 이동으로 식세포 작용과 음세포 작용을 예로들 수 있다.

## 3) 조직(Tissue)

세포의 모임으로 이뤄진 것을 조직(Tissue)이라고 한다. 이러한 조직은 상피조직, 결합조직, 근육조직, 신경조직으로 기능과 특징이 다른 조직으로 나뉜다.

〈 표 2-2 〉 조직의 기능 및 종류

| 조 직 | 기 능 | 종 류 |
|---|---|---|
| 상피 조직 | • 보호기능 – 외부 환경에 대한 강한 저항성<br>• 흡수기능 – 장의 점막<br>• 분비기능 – 타액선, 한선, 피지선, 효소분비 | • 단층편평상피 – 모세혈관, 폐포<br>• 중층편평상피 – 표피, 구강, 식도<br>• 원주상피 – 소화관, 자궁, 비강점막<br>• 이행상피 – 신우, 요관, 방광 |
| 결합 조직 | • 신체 연결 기능<br>• 지지기능<br>• 보호기능<br>• 지방 저장 기능<br>• 물질 운반 기능 | • 치밀조직<br>• 혈액 및 림프의 액상조직<br>• 뼈, 연골<br>• 인대, 건 지지조직 |
| 근육 조직 | • 운동기능 – 수축성을 가진 근섬유 | • 골격근<br>• 심장근<br>• 내장근 |
| 신경 조직 | • 정보전달 기능 조직 | • 신경 |

### 4) 계통(System)

계통은 인체의 조직이 모여 기관을 형성하고 그 기관이 형성한 모임을 계통이라고 하는데, 계통으로는 골격계, 근육계, 신경계, 순환계, 내분비계, 소화기계통으로 나뉜다.

#### (1) 골격계

인체를 지지하고, 기관들을 보호하며, 인체에 필요한 무기질을 저장하며, 조혈작용을 하는 계통으로 206개로 이뤄지는 뼈를 골격계라고 한다.

##### ① 구조

골격은 골막, 골조직, 골수강(적골수, 황골수), 골단으로 이뤄지며, 이의 구성 물질로는 무기질(칼슘, 인) 45%, 유기질(콜라겐) 35%, 물 20%로 이뤄진다.

**② 골격의 종류와 구성**

성인의 골격은 체간 골격(두개골, 척추, 흉곽) 80개, 체지골격 126개로 총 206개로 구성되어있다.

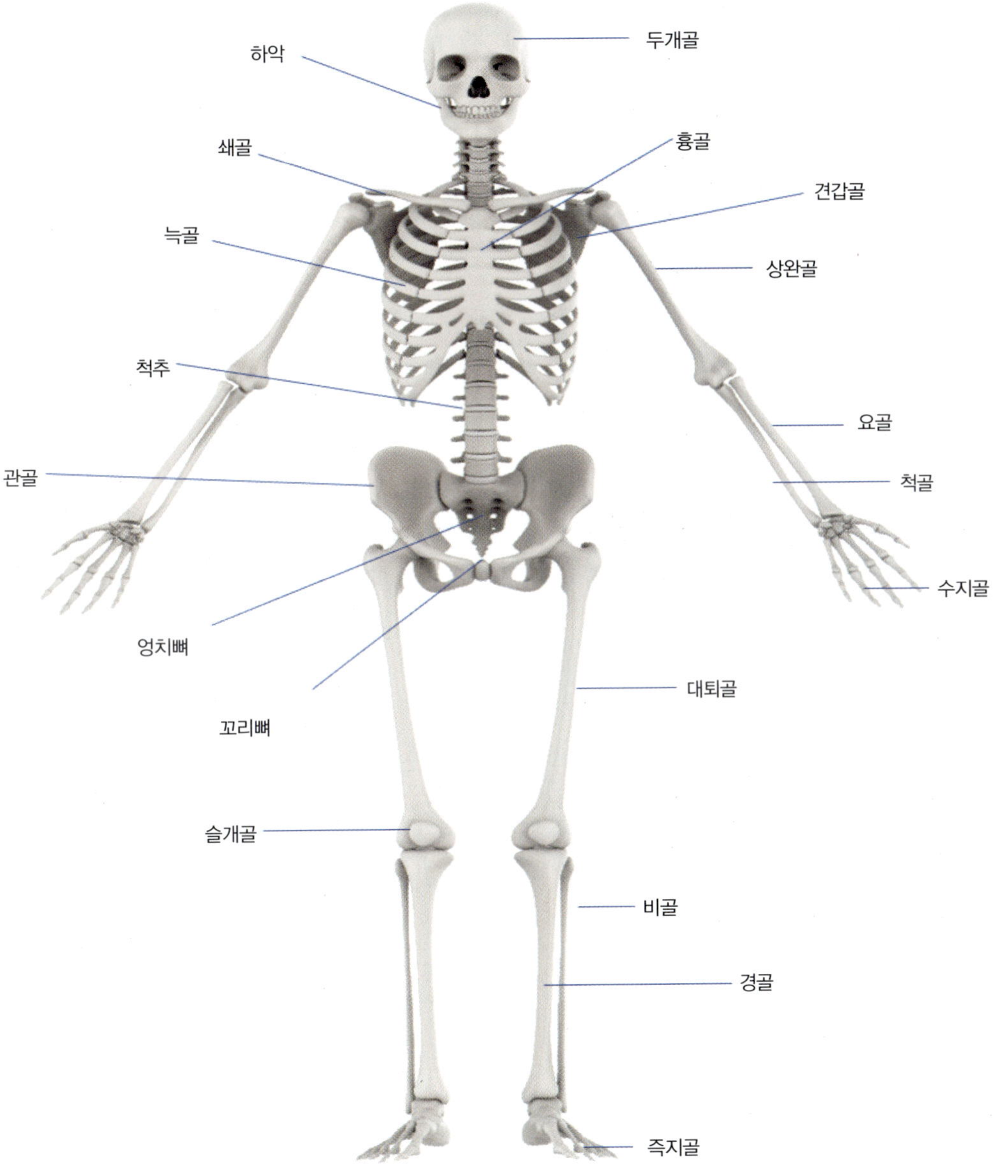


〈 그림 2-2 〉 골격의 명칭

〈 표 2-3 〉 체간과 체지골격의 종류

<table>
<tr><td rowspan="12">체간 골격<br>80개</td><td rowspan="2">두개골<br>22개</td><td>뇌머리뼈 8개</td><td>전두골, 두정골, 측두골, 후두골, 접형골, 사골</td></tr>
<tr><td>얼굴머리뼈 14개</td><td>광대뼈, 상악골, 하악골, 비골, 서골, 하비갑개골, 누골, 구개골</td></tr>
<tr><td colspan="2">귀속뼈 6개</td><td>망치뼈, 추골, 침골, 등자골, 등골</td></tr>
<tr><td colspan="3">설골 1개</td></tr>
<tr><td rowspan="5">척추<br>26개</td><td colspan="2">목뼈 7개</td></tr>
<tr><td colspan="2">등뼈 12개</td></tr>
<tr><td colspan="2">허리뼈 5개</td></tr>
<tr><td colspan="2">엉치뼈 1개</td></tr>
<tr><td colspan="2">꼬리뼈 1개</td></tr>
<tr><td colspan="3">흉골 1개</td></tr>
<tr><td colspan="3">늑골 24개</td></tr>
<tr><td rowspan="4">체지 골격<br>126개</td><td rowspan="2">상지골<br>64개</td><td>상지대 4개</td><td>쇄골, 견갑골</td></tr>
<tr><td>자유상지골 60개</td><td>상완골, 요골, 척골, 수근골, 중수골, 수지골</td></tr>
<tr><td rowspan="2">하지골<br>62개</td><td>하지대 2개</td><td>관골(=장골, 치골, 좌골)</td></tr>
<tr><td>자유하지골 60개</td><td>대퇴골, 슬개골, 경골, 비골, 족근골, 중족골, 족지골</td></tr>
</table>

### (2) 근육계

근육은 인체의 골격에 부착하여 자세의 유지, 움직임에 관여하는 골격근과 내장 및 혈관벽을 구성하는 평활근, 심장의 움직임을 구성하는 심장근으로 이뤄진다.

근육은 인체에 체열을 생산하여 운동성을 가지며 과도한 수축으로 근육 내에 대사물질인 젖산이 쌓여 근육 통증을 일으킨다.

### ① 근육의 종류 및 기능

〈 표 2-4 〉 근육의 종류 및 기능

| 종 류 | 기 능 | 특 징 |
|---|---|---|
| 골격근 | • 자세 유지, 움직임, 관절안정<br>• 혈액순환, 열 생산 | 수의근<br>가로줄 무늬 (횡문근)<br>방추형 세포에 줄무늬 배열 |
| 평활근(내장근) | • 내장기관<br>• 혈관 벽을 이루는 근육 | 자율신경의 지배<br>불수의근<br>민무늬근 |
| 심장근 | • 심근 수축<br>• 혈액을 혈관 및 순환 작용 | 자율신경의 지배<br>불수의근<br>가로무늬근( 횡문근) |

### ② 근수축·이완 생리 작용

근육의 움직임을 수축과 이완을 통해 이뤄지는데 이러한 움직임은 신경의 전기적 신호에 의해 단계에 걸쳐 움직이게 된다.

근원섬유에 부착되어있는 운동신경의 활동 전위가 신경말단(시냅스) 소포체에서 아세틸콜린을 방출하게 되면 근원섬유의 아세틸콜린 리셉터를 통해 근육 내로 아세틸콜린을 수용하게 된다. 근육 내부에 $Na^{+}$ 이온이 들어오며 근육 내 안정 시 전압이 깨져 나트륨 칼륨의 작용으로 근육 활동 전압이 생성되며, 활동 전위가 T세관(가로세관)을 타고 이동하여 근형질세망 안에서 $Ca^{+}$ 이온이 유리한다.

유리한 $Ca^{+}$ 이온은 트로포닌과 결합하여 트로포미오신을 이동시켜 근육 안쪽에 가는 필라멘트(액틴), 굵은 필라멘트(미오신)의 결합 부위가 노출되어 미오신 머리에 ATP를 결합하고 액틴 방향으로 배열하게되어 미오신 머리와 액틴의 크로스 브릿지를 형성하게 된다. 이때 미오신 머리에서 Pi가 떨어져 나가며 미오신 머리가 액틴을 끌어당김(power-stroke)으로 근육이 수축하게 된다.

이후 $Ca^{+}$ 이온이 근형질내세망에 재흡수되면 필라멘트 결합이 끊어지며 제자리로 돌아와 근육이 이완하게 된다.

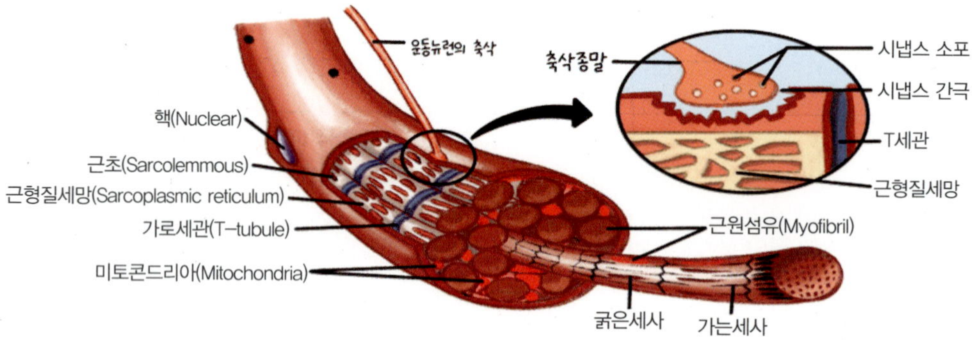


〈 그림 2-3 〉 신경의 전기적 신호와 근섬유 작용

③ 골격근의 종류와 구성

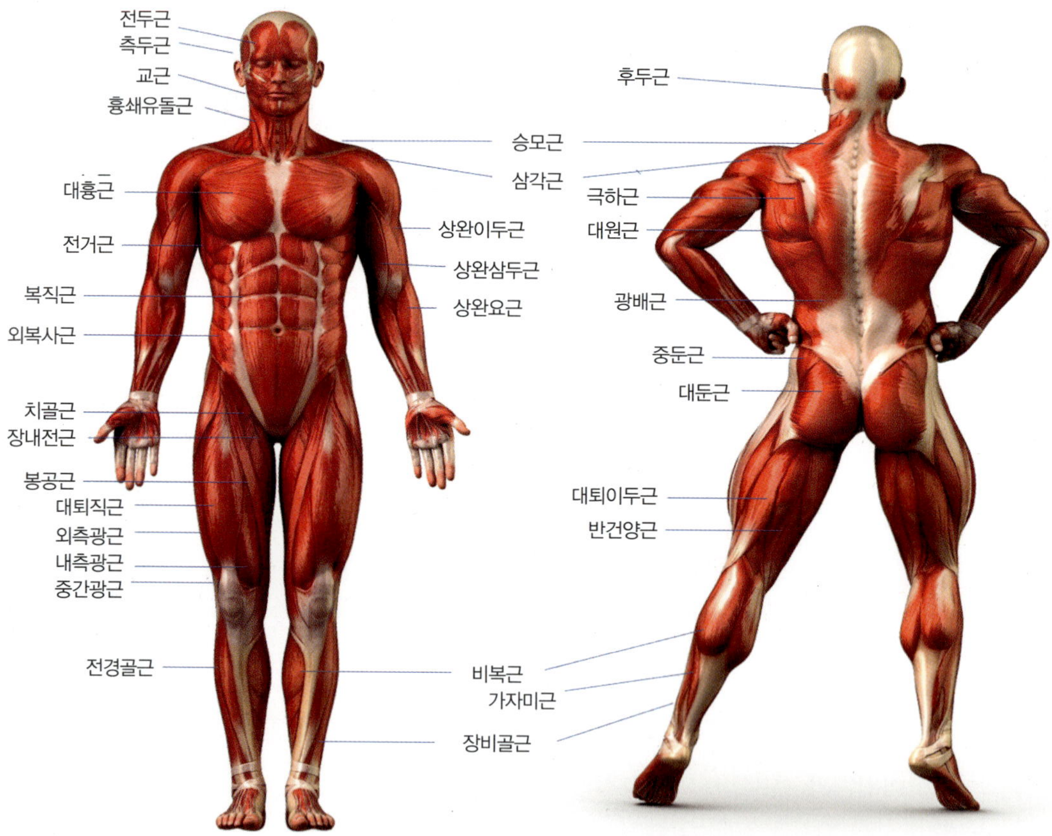


〈 그림 2-4 〉 골격근의 명칭

〈 표 2-5 〉 골격근의 종류

| | | |
|---|---|---|
| 두부근 | 안면근 | 전두근, 추미근, 안륜근, 관골근, 협근, 구륜근, 상순거근, 이근, 하순하체근, 소근 |
| | 저작근 | 교근, 측두근, 외·내측익돌근 |
| 목 근육 | 흉쇄유돌근, 광경근, 사각근, 두부판상근, 두반극근, 경판상근 | |
| 흉부 근육 | 대흉근, 소흉근, 전거근, 늑간근, 쇄골하근, 횡격막 | |
| 복부 근육 | 복직근, 외복사근, 내복사근, 복횡근 | |
| 등 근육 | 승모근, 광배근, 척추기립근, 상후거근, 하후거근 | |
| 어깨 근육 | 삼각근, 극상근, 극하근, 소원근, 대원근, 견갑하근, 상완이두근, 상완삼두근, 견갑거근, 능형근 | |
| 하지근육 | 대퇴근<br>– 대퇴를 움직이는 근육 | 대둔근, 중둔근, 소둔근, 장요근<br>내전근 – 장내전근, 단내전근, 대내전근, 박근 |
| | 하퇴근<br>– 하퇴를 움직이는 근육 | 대퇴사두근군, 봉공근, 슬건근군 |
| | 발을 움직이는 근육 | 전경골근, 비복근, 가자미근, 장비골근 |

## (3) 신경계

### ① 기능

신경계의 기능은 감각기로 받아들인 자극을 중추신경계로 전달하는 감각기능이 있으며, 중추신경계의 명령을 반응기로 전달하여 근수축 및 이완에 작용하는 운동기능이 있다. 또한, 감각뉴런과 운동뉴런 사이를 연결하여 다른 기관과의 조화를 조절하는 통합기능이 있다.

### ② 신경 조직의 구성

㉠ 신경원(뉴런)

신경원은 신경전달의 구조적, 기능적 최소단위를 말하며, 수상돌기, 세포체, 축삭으로 구분되고, 축삭(축색돌기)은 수초, 슈반세포, 랑비에르결절로 구성된다.

㉡ 신경교(교세포)

신경 조직의 구성원인 신경교는 중추신경계 내에 위치하고 신경접착제 역할을 하며 뉴런(신경원)의 지지, 보호, 분리 작용을 하는 신경 세포이다.

### ③ 신경계의 구성

〈 표 2-6 〉 신경계의 구성 및 기능

| | | | | | |
|---|---|---|---|---|---|
| 신경계 | 중추 신경계 | 뇌 | • 대뇌 : 감각,수의운동, 중추, 고등정신활동의 중추 | | |
| | | | • 소뇌 : 운동 조절, 몸의 균형유지 | | |
| | | | 뇌간 | 간뇌 | • 시상 : 감각 중계 기증 |
| | | | | | • 시상하부 : 생리조절 중추, 체온, 감정조절, 호르몬 분비, 항상성 조절, 성행동 조절 |
| | | | | • 중뇌 : 안구운동, 동공반사 조절 | |
| | | | | • 연수 : 신경교차, 심장, 호흡, 소화작용의 중추, 연수반사작용 중추( 재채기, 하품 ) | |
| | | 척수 | 척수반사 중추 ( 배변, 배뇨, 무릎반사) | | |
| | 말초 신경계 | 체성신경계 | • 뇌신경(12쌍) : 후각, 시각, 동안, 활차, 3차, 외선, 안면, 전정, 와우, 설인, 미주, 부신경, 설하신경 | | |
| | | | • 척수신경(31쌍) : 경신경(8) 흉신경(12) 요신경(5), 천골신경(5쌍), 미골신경(1쌍) | | |
| | | 자율신경계 | • 교감신경 : 심장박동 촉진,혈관 수축, 혈압상승, 소화억제 | | |
| | | | • 부교감신경 : 이완작용(릴렉싱 작용) | | |

## (4) 순환계

순환계통은 산소와 영양분을 공급, 이산화탄소와 노폐물을 체외로 배출하기 위한 운반 시스템을 말하며, 순환계는 심장혈관계, 림프계로 종류가 나뉜다.

### ① 심장의 순환

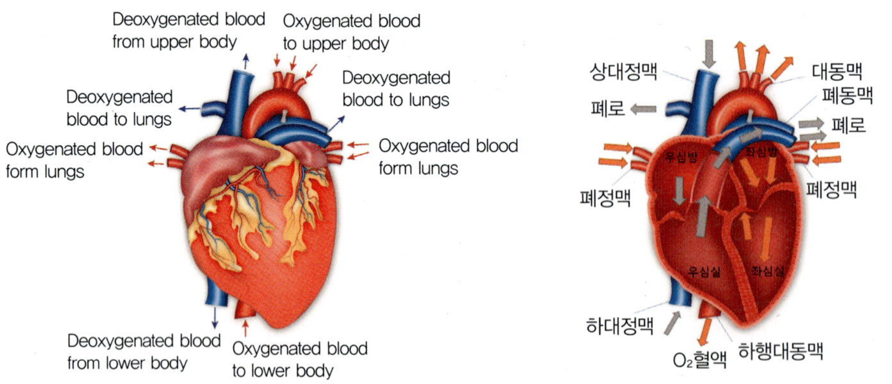


〈 그림 2-5 〉 심장의 구조와 순환

㉠ 체순환(대순환)

• 좌심실 → 대동맥 → 세동맥 → 모세동맥 → 모세정맥 → 세정맥 → 대정맥 → 우심방

체순환은 대순환이라하며 좌심실에서 대동맥을 통해 나간 혈액이 전신을 순환하여 각 조직에 산소와 영양분을 공급하고 이산화탄소와 노폐물을 대정맥을 통해 우심방으로 회귀하는 전신순환을 말한다.

㉡ 폐순환(소순환)

• 우심실 → 폐동맥 → 폐 가스교환( $CO_2$ 〉 $O_2$ ) → 폐정맥 → 좌심방

폐순환은 소순환이라하며 체순환 후 우심실의 수축에 의해 폐로 보내지는 순환으로 폐포를 통해 이산화탄소와 산소를 교환하여 좌심방으로 돌아오는 짧은 순환을 말한다.

② **혈액**

㉠ 혈액의 기능

혈액은 순환계의 가장 기본이 되는 물질이며 인체의 영양분과 노폐물 이동수단이 핵심이다. 영양소, 노폐물, 산소, 이산화탄소, 호르몬을 운반하는 운반기능이 있으며, 인체 내 수분, 체온, 체액의 pH 조절기능이 있다.

혈액속 백혈구 및 항체는 면역작용과 식균작용을 통해 인체를 보호하는 면역기능이 있으며 혈소판은 혈액이 외부로 유실되지 않도록 지혈 작용을 한다.

㉡ 혈액의 구성

혈액의 구성 물질은 혈장 55%, 혈구(적혈구, 백혈구, 혈소판) 45%로 이뤄진다.

혈장의 성분은 알부민, 글로불린, 피브리노겐으로 이뤄진 혈장단백질과 포도당, 지방, 무기염류로 이뤄지며, 혈구에는 산소를 운반하는 적혈구, 인체의 식균작용을 하는 백혈구와 지혈 작용을 하는 혈소판으로 나눠진다.

〈 표 2-7 〉 혈장 및 혈구의 구성 및 기능

| 혈 액 | 구 성 | 기 능 | 특 징 |
|---|---|---|---|
| 혈장 | 알부민 | • 혈액의 교질 삼투압 유지 | • 혈장 성분 : 혈장 단백질, 포도당, 지방, 무기염류 |
| | 글로불린 | • 면역작용 | |
| | 피브리노겐 | • 혈액응고작용 | |
| 혈구 | 적혈구 | • 헤모글로블린으로 산소운반 | • 수명 120일<br>• 적골수 생성<br>• 간, 골수, 비장, 임파절에서 파괴 |
| | 백혈구 | • 식균작용 | • 수명 3~4일<br>• 과립백혈구(적골수에서 생성)<br>• 무과립백혈구(임파조직에서 생성) |
| | 혈소판 | • 혈액응고, 지혈 | • 수명 5~10일<br>• 적골수에서 생성 |

### ③ 림프계

㉠ 림프의 기능

림프는 조직액(과도한 수분, 단백질, 지방, 죽은세포)을 혈액순환으로 운반하는 작용을 하며, 지용성 영양분의 흡수 및 감염으로 조직 보호(림프구) 기능을 한다.

㉡ 림프계의 종류와 기능

〈 표 2-8 〉 림프계의 기능

| 림프계 | 기 능 |
|---|---|
| 림프액 | • 구성 : 물, 전해질, 대사물, 단백질<br>• 평활근 수축으로 순환 |
| 림프관 | • 수집림프관 : 림프액 역류방지 판막 존재<br>• 모세림프관 : 체액, 단백질 재흡수 |
| 림프절 | • 130nm 콩알 모양 전신 분포<br>(머리, 목, 겨드랑이, 세혜부, 복부, 골반, 가슴)<br>• 식균작용, 림프구 생산, 여과 작용. |
| 편도, 흉선, 비장 | |

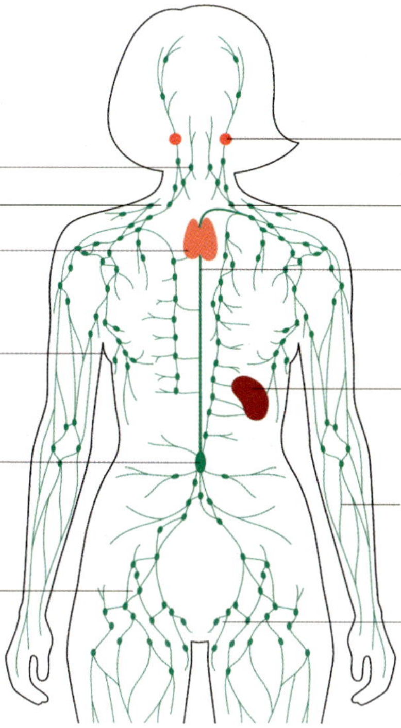


〈 그림 2-6 〉 림프의 구조와 명칭

㉢ 림프의 순환

모세혈관에서 누출한 액체, 각 조직의 세포에서 분비 배설한 액체를 모세림프관을 통하여 흡수하여 수집림프관을 통하여 모이며, 이러한 림프액은 림프절을 통하여 바이러스, 세균, 손상된 세포등을 여과하고 처리한다. 여과 후 림프액은 림프본관을 통하여 정맥혈관으로 회귀되는 순환을 가진다.

• 모세림프관 → 수집림프관 → 림프절 → 림프본관 → 정맥

### (5) 소화기계

음식물의 영양소를 몸에 흡수할 수 있는 정도의 작은 크기로 분해하는 과정을 소화계라고 하며, 소화계는 기계적 소화(물리적)와 화학적 소화(가수분해, 소화효소의 작용으로 저분자 영양소로 소화)로 나뉜다.

## ① 소화과정

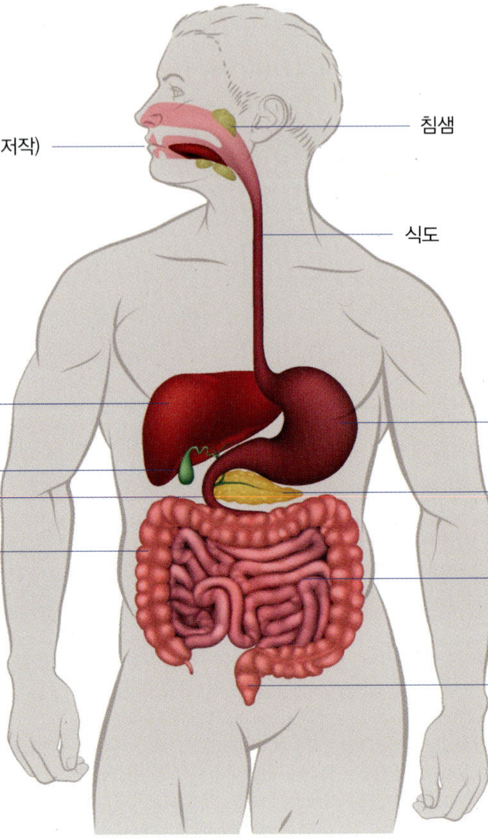


〈 그림 2-7 〉 소화기관의 구조와 명칭

〈 표 2-9 〉 소화기관 및 효소

| 기 관 | 기 능 | 소 화 효 소 | 구 조 |
|---|---|---|---|
| 입(pH7) | • 저작작용<br>• 소화효소 작용<br>• 체온영향 | • 아밀라아제 : 녹말 → 엿당, 덱스트린 소화 | 입<br>인두 |
| 위(pH2) | • 단백질 소화 작용<br>• 부패방지 살균작용 | • 염산(pH2) : 살균 작용<br>• 펩시노겐 : 단백질 → 폴리펩타이드 소화<br>• 뮤신(점액) : 위벽 보호 | 분문부<br>위저<br>위체<br>유문부 |

| | | | |
|---|---|---|---|
| 소장(pH8) | • 영양소의 흡수 작용<br>• 소화액 분비 | 〈췌장〉<br>• 트립신 : 단백질 → 펩톤으로 소화<br>• 리파아제 : 지방 → 지방산,글리세롤 소화<br>• 아밀라아제 : 녹말 → 엿당 소화<br>• 말타아제 : 엿당 → 포도당 소화<br>• 탄산수소나트륨 : 산성 → 중화<br>〈간〉<br>• 쓸개즙 : 지방 소화<br>〈장액〉<br>• 펩티다아제 : 펩톤 → 아미노산 소화<br>• 말타아제 : 엿당 → 포도당 소화<br>• 수크라아제 : 설탕 → 포도당, 과당 소화<br>• 락타아제 : 젖당 → 포도당, 갈락토스 소화 | 길이 : 67m<br>십이지장<br>공장<br>회장 |
| 대장 | • 세균에 의한 분해<br>• 수분흡수 작용 | • 대장균 : 셀룰로오스 → 비타민B, K 합성 | 맹장<br>결장<br>직장 |

### ② 영양소의 흡수와 이동

소화된 영양소는 수용성 영양소와 지용성 영양소로 나뉘어 흡수·이동하게 된다. 수용성 영양소는 포도당, 아미노산으로 분해되어 소장(융털)의 모세혈관을 통해 흡수되고 간문맥을 통하여 간으로 이동한다. 이동한 포도당과 아미노산은 간정맥과 하대정맥을 통하여 심장으로 보내져 전신으로 영양소를 이동하게 된다.

이와 달리, 지용성 영양소인 지방산, 글리세롤은 융털의 암죽관(유미조)을 통하여 가슴관에 머무르며 좌측 쇄골하정맥과 상대정맥으로 심장에 다다르며, 심장에서 전신으로 보내지게 된다.

## (6) 내분비계

### ① 분비선의 구분

인체에 분비선은 실질적인 화학적 역할로 신체에 분비되는 물질대사의 중요한 생리적 기능이라 할 수 있다. 이는 외분비선과 내분비선으로 나뉘어 분비되며 작용 또한 다르다.

㉠ 외분비선

외분비선은 소화액, 침샘, 땀샘으로 분비물질이 도관을 통해 몸의 표면이나 작용하는 부위에 직접 분비하는 기관으로 인체의 보호 및 소화 작용을 한다.

㉡ 내분비선

내분비선에서 만들어지는 호르몬을 혈관으로 분비되어 혈액을 통해 전신으로 분비되는 기관을 내분비선이라 한다. 분비되어지는 내분비선으로는 뇌하수체, 갑상선, 부갑상선, 췌장, 부신, 생식선이 있다.

**② 호르몬의 특징**

내분비선에서 분비되어지는 호르몬은 특정한 분비관이 없으며 직접 혈관, 혈액을 통하여 운반된다. 이때, 호르몬의 성질과 특징에 따라 작용하는 표적 기관 및 표적 세포가 존재하여 소량으로 물질대사를 조절하며, 신체 및 지적 발달과 인체 에너지 생성, 신체적 기능을 통합 조절하는 작용을 한다.

이러한 호르몬은 결핍증 및 과다증으로 질병이 발생하며, 소량으로 인체에 큰 영향을 끼치는 물질이다.

**③ 내분비선의 종류와 기능**

〈 표 2-10 〉 호르몬의 기능

| 내분비선 | | 호르몬 | 기능 |
|---|---|---|---|
| 뇌하수체 | 전엽 | • 성장호르몬(GH) | • 성장 촉진(거인증, 소인증) |
| | | • 갑상선자극호르몬(TSH) | • 티록신의 분비 촉진 |
| | | • 부신피질자극호르몬(ACTH) | • 코르티코이드 분비 촉진(스트레스 영향) |
| | | • 유선자극호르몬(PRL) | • 젖의 생성,분비 촉진 |
| | | • 여포자극호르몬(FSH) | • 난자 및 정자 성숙, 생산 촉진 |
| | | • 황체형성호르몬(LH) | • 배란 촉진(女,) 안드로겐(男)분비 |
| | 중엽 | • 멜라노사이트자극호르몬(MSH) | • 멜라노사이트작용 멜라닌형성 촉진(과색소) |
| | 후엽 | • 자궁수축호르몬(옥시토신) | • 분만 시에 자궁 근육 수축 촉진<br>• 젖샘 자극 |
| | | • 항이뇨호르몬ADH | • 세뇨관의 수분 재흡수 촉진 |

| 내분비선 | | 호르몬 | 작용 |
|---|---|---|---|
| 갑상선 | | • 티록신 | • 신진대사 항진 |
| | | • 칼시토닌 | • 혈액 내 Ca+농도 감소 |
| 부갑상샘 | | • 부갑상샘 호르몬(파라토르몬) | • 혈액 내 Ca+농도 증가 |
| 췌장<br>(랑게르한섬) | α세포 | • 글루카곤 | • 혈당량 증가(글리코겐→포도당) |
| | β세포 | • 인슐린 | • 혈당량 감소(포도당→글리코겐) |
| 부신 | 피질 | • 무기질 코르티코이드 | • 알도스테론 : 신장에서 Na+재흡수 |
| | | • 당류 코르티코이드 | • 코티솔 : 혈당량 증가<br>(단백질,지방→포도당 )<br>• 코티손 : 항염 |
| | | • 부신 안드로겐 | • 남성호르몬 |
| | 수질 | • 아드레날린(에피네프린) | • 혈당량 증가(글리코겐→포도당) |
| | | • 노르아드레날린 | • 모세혈관 축소<br>• 동공확대<br>• 소화관 억제 |
| 생식선 | 난소 | • 에스트로겐<br>• 프로게스테론 | • 여성의 2차 성장 발현 |
| | 정소 | • 안드로겐(테스토스테론) | • 남성의 2차 성장 발현 |

/ MEMO /

CHAPTER **03**

# 미용도구 및 미용기기

**학습 목표**

미용 기술을 시연하는 데 필요한 미용도구 및 미용기기의 종류와 목적 등을 익히고, 실제 테크닉에 적용하는 사용법을 학습한다.

# 1. 미용도구

미용도구의 사전적 의미로는 머리를 아름답게 매만지는 데 쓰이는 물품을 말하며 미용도구에 속하는 것으로 빗(Comb), 브러시(Brush), 가위(Scissors), 레이저(Razor), 클리퍼(Clipper), 아이론(Iron), 컬(Curl), 로드(Rod), 헤어 핀(Hair Pin), 클립(Clip), 롤러(Roller) 등이 있으며 넓은 의미로는 미용 시술에 필요한 전반적인 기자재를 의미한다.

## 1) 빗(Comb)

모발을 정리하거나 커트 시 정확한 기준 역할을 하는 빗은 커트용, 정발용, 웨이브용, 세팅용, 헤어 다이용, 결발용 등이 있다.

### (1) 빗의 구조와 명칭

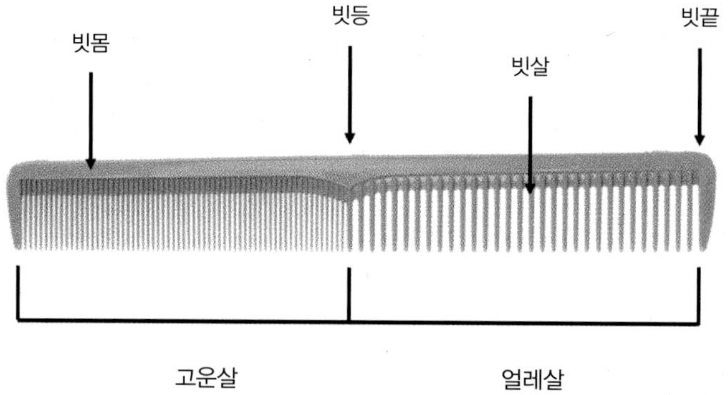


〈 그림 3-1 〉 빗의 구조와 명칭

- 빗등 : 균형을 잡아 주고 전체적으로 비뚤어지거나 휘지 않아야 한다.
- 빗몸 : 빗 전체를 지탱해 주는 역할을 하며, 안정성이 있고 일직선이어야 한다.
- 빗살 : 빗살 전체가 가늘고 빗살 사이의 간격이 균등하게 나열된 것이 좋다.
- 빗살 끝 : 너무 뾰족하거나 둔탁한 것은 빗질의 효과가 떨어진다.
- 빗살 뿌리 : 균등하게 동그스름한 것이 좋다.
- 얼레살 : 빗살 간격이 넓어서 블로킹 혹은 슬라이스를 나눌 때 사용한다.

• 고운살 : 빗살 간격이 좁아서 섬세한 빗질을 할 때 사용한다.

### (2) 빗의 기능

모발 정돈용과 모방 장식용으로 분리할 수 있다.

• 모발을 가지런히 정리한다.
• 커트 시술 시 정확한 시술을 할 수 있는 기준 역할을 한다.
• 디자인 연출 시 셰이핑을 하고 아이론 사용 시 두피를 보호한다.
• 샴푸와 린스, 모발 염색 및 헤어 다이에 이용한다.
• 모발 내 오염 물질과 비듬을 제거한다.
• 모발을 장식하거나 고정할 때 사용한다.
• 퍼머넌트 웨이브(웨이브 콤) 할 때 사용한다.
• 모발 내 오염물질과 비듬제거 등 트리먼트에 사용한다.

### (3) 빗의 소독 및 손질 방법

• 자비 소독 및 증기 소독은 피한다.
• 크레졸수, 석탄산수, 포르말린수, 역성비누액, 자외선 등으로 소독한다.
• 소독한 후에는 마른 수건을 이용해 물기를 제거하고 그늘에서 말린다.
• 소독한 빗과 소독하지 않은 빗은 각각 다른 용기에 넣어 보관한다.
• 손님 1인에게 사용했을 때 1회씩 소독하는 것이 바람직하다.
• 엉킨 모발을 정리할 때는 얼레빗으로 모발 끝에서부터 두피 쪽으로 빗질한다.

## 2) 브러쉬(Brush)

브러시는 용도에 따라 드라이용 브러시, 업스타일 브러시, 쿠션 브러시 등 미용 시술의 각 분야에서 폭넓게 사용되고 있다.

〈 그림 3-2 〉 브러시의 종류

### (1) 브러시의 종류

① **덴멘 브러시**(Demman Brush)

영국 덴멘사에서 개발한 브러시로 개발사의 이름을 차용하여 브러시 이름으로 명명했으며, 디자이너들이 가장 많이 사용하는 브러시이다. 모발에 윤기와 부드러움 부여하며 내연성이 강하고 모근 부위 볼륨 살리기에 적합하다.

② **밴트 브러시**(Vent Brush)

스켈톤 브러시(Skeleton Brush)라고도 하며 빗살이 듬성한 브러시로 머리카락 표면의 흐름을 거칠게 하는 단점이 있다. 빗살로 모근 부분을 집어 올려 회전시키므로 모근에 자연스러운 볼륨을 줄 수 있고 짧은 모발이나 퍼머넌트 웨이브된 모발 등에 블로우 드라이 시술 후 브러시 아웃용으로 적당하다.

③ **S자 브러시**(S Brush)

짧은 모발을 자연스럽게 세우거나 머릿결의 방향성을 조절할 때, 드라이가 끝난 후 모발을 빗을 때 사용한다. 프레 드라이(pre-dry)를 할 때 S자 브러시를 사용하면 모발을 가지런히 정리하면서 모류를 원하는 방향으로 유도한다.

④ **롤 브러시**(Roll Brush)

롤 브러시는 원형으로 롤의 크기가 다양하고 짧은 머리부터 긴 머리까지 다양한 웨이브에 적합하다.

〈 표 3-1 〉 재질에 따른 롤 브러시의 특징

| 종 류 | 특 징 |
|---|---|
| 돈모 브러시 | • 강한 텐션과 컬이 매끄럽고 정전기 발생이 적으며 엉킴이 없음 |
| 나일론 브러시 | • 정전기로 모표피 박리가 일어나고, 매끄럽지 못하여 모발 손상우려 |
| 금속성 브러시 | • 드라이어의 열이 유지되어 시술 시간 단축되지만 모발 손상과 지나친 건조의 우려 |

**⑤ 콤 브러시(comb Brush)**

빗살이 곱게 연결된 브러시로 볼륨을 주지 않고 자연스럽게 빗어 내리는 스타일을 만들 때 사용 한다.

### (2) 브러시 선택 방법

브러시를 선택할 때 모가 탄력 있고 털이 촘촘히 박힌 자연 강모로 만든 것이 좋다. 돼지털이나 고래수염 등으로 만든 브러시는 길들이지 않은 새것일 경우 매우 거칠어서 자칫 모발에 자국을 낼 수 있으며, 나일론 비닐계의 브러시는 정전기가 발생하므로 모발 손상에 주의해야 한다.

### (3) 브러시 소독 및 손질 방법

역성 비누액이나 탄산소다수에 담가 세정한 후 바람이 잘 통하는 그늘에 말린다. 특히, 나무 제품일 경우 털이 심어진 곳에 물이 침투하면 내구성이 나빠지므로 털이 아래 방향으로 향하도록 말려주어 햇빛을 피한 그늘에서 완전히 건조시켜 소독장에 보관한다.

## 3) 가위(Scissors)

### (1) 가위의 명칭

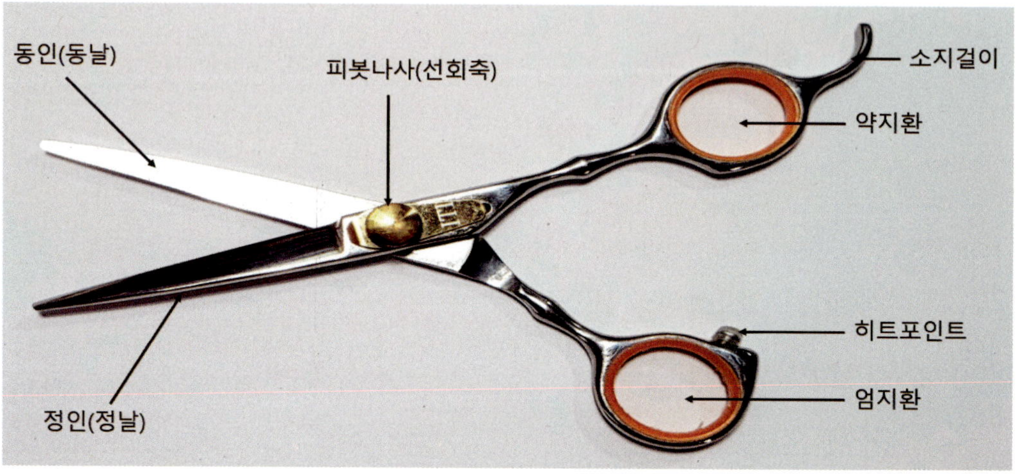


〈 그림 3-3 〉 가위의 명칭

- 동인(유동날) : 커트 시 엄지에 의해 조작되어지는 부분
- 정인(고정날) : 약지에 의해 조작되어지는 부분으로 커트 시 고정해 두고 시술
- 선회축(피봇나사) : 정인과 동인을 하나로 고정시키는 나사 부분
- 엄지환 : 동인에 연결된 원형의 고리로 엄지를 끼워 놓았을 때 엄지손톱 조모와 조근 바로 밑에 위치
- 약지환 : 정인에 연결된 원형의 고리로 약지를 끼워 놓았을 때 약지의 가운데 마디에 위치
- 소지걸이 : 정인의 약지환에 이어져 있으며 소지를 걸기 위한 것

### (2) 가위의 종류

재질에 따라 전강가위와 착강가위로 나뉘며, 사용목적에 따라 커팅가위와 틴닝가위로 분류한다.

〈 표 3-2 〉 가위의 분류

| 종 류 | | 구 분 |
|---|---|---|
| 재질 | 전강가위 | • 전체가 특수강 |
| | 착강가위 | • 손잡이의 강철은 연강이고, 날은 특수강 |
| 사용 목적 | 커팅가위 | • 모발을 커트하고 셰이핑 할 때 사용 |
| | 틴닝가위 | • 모발의 길이는 자르지 않고 숱을 감소시킬 때 사용 |

### (3) 가위의 선택법

- 양날은 견고하고 동일하며, 강도와 경도가 좋아야 한다.
- 가위의 날은 얇고 튼튼하며 도금된 것은 피한다.
- 협신에서 날 끝으로 갈수록 내곡선이어야 한다.
- 가위의 잠금 나사가 느슨하거나 빡빡하지 않고 조임이 적당해야 한다.
- 손가락 넣는 구멍이 손가락에 적합해야 하며 조작하기에 편리해야 한다.

### (4) 가위 소독 및 취급 방법

- 사용한 가위는 소독한 후에 녹슬지 않도록 수분을 깨끗하게 제거한 후 기름칠을 한다.
- 가위를 소독할 때는 자외선 살균소독, 석탄산수, 크레졸수, 포르말린수, 에탄올에 소독한 후 소독장에 보관한다.

## 4) 레이저(Razor)

커트 도구의 한 종류이며 빠르고 섬세한 작업에 용이하지만, 잘못 사용하였을 시 커트의 선이 불명확해지며 모발의 손상을 줄 수 있다.

### (1) 레이저의 구조와 명칭

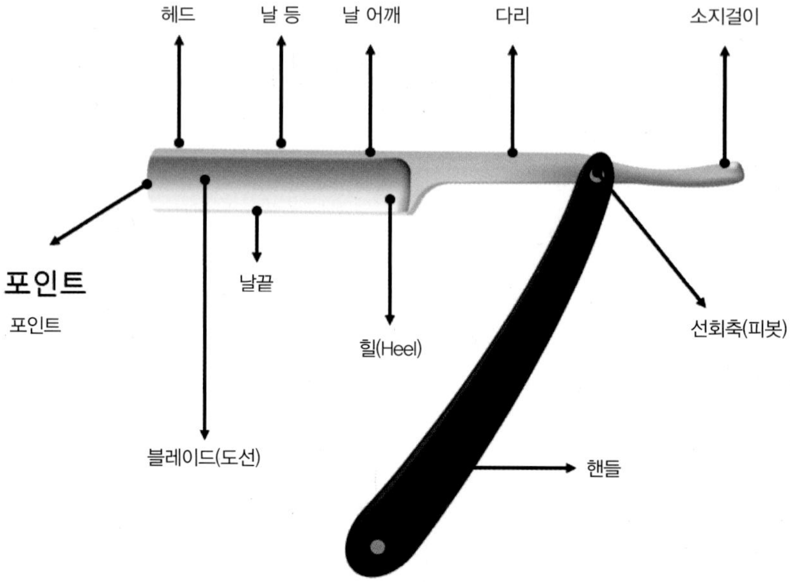


〈 그림 3-4 〉 레이저의 명칭

### (2) 레이저의 종류

레이저의 종류는 보호장치의 유무와 칼날에 따라 분류한다.

〈 표 3-3 〉 레이저의 분류

| 종 류 | | 구 분 |
|---|---|---|
| 보호 장치 | 오디너리 레이저 (Ordinary Razor) | • 보호 장치 없어 손을 다칠 위험<br>• 잘리는 부위가 넓어 시간 단축<br>• 능률적이고 세밀한 작업 용이<br>• 모발을 지나치게 자를 위험이 있어 숙달자에게 적합 |
| | 세이핑 레이저 (Shaping Razor) | • 날에 보호막이 있어 안전하므로 초보자에게 적합<br>• 잘리는 모발이 적어 시간적 제약이 따름<br>• 자연스러운 모발 외형선을 만듦 |
| 칼날 | 일직선상 레이저 | • 칼날을 교체하는 레이저의 형태로 사용 |
| | 내곡선상 레이저 | • 안으로 휘어져 있어 힘이 균등하게 배분되지 않아 커트에 적당하지 않음 |
| | 외곡선상 레이저 | • 모발 및 솜털 등을 깎을 때 가장 좋은 선으로 레이저의 이상적인 형태 |

### (3) 레이저의 사용 방법 및 선택 방법

- 솜털 등을 깎을 때는 외곡선상의 날이 좋다.
- 모발을 물에 충분히 적신 후 커팅을 실시한다.
- 테이퍼링(Tapering)할 때 스트랜드의 뿌리에서 2.5㎝ 떨어져서 실행한다.
- 레이저의 날은 앞쪽을 향하게 사용한다.
- 레이저를 사용하고 난 후 손님마다 날을 교체해서 사용한다.
- 날 등과 날 끝이 틀어지지 않고 서로 평행해야 한다.
- 날 두께가 균등하고 레이저 날이 대체로 둥그스름한 곡선으로 일정한 것을 선택한다.

### (4) 레이저의 소독 및 손질 방법

- 레이저의 재질이 금속이므로 사용 후 꼭 소독하여 보관한다.
- 소독한 레이저는 녹슬지 않도록 기름칠을 하여 보관한다.
- 역성비누액, 석탄산수, 크레졸수, 포르말린수, 에탄올 등을 사용하여 소독한다.

## 5) 클리퍼(Clipper)

클리퍼는 바리캉이라고도 불리며 가위나 레이저와 마찬가지로 모발을 자르고 정돈하는데 사용된다. 짧은 모발을 커트할 경우, 특히 남성 커트 시술 시 주로 사용되며 미세한 부분의 커트 시에 적합하다.

### (1) 클리핑(Clipping)

클리핑은 클리퍼를 세로로 세워서 삐져나온 모발을 깨끗이 정리하는 것을 말하며, 우측에서 좌측으로 쓸어 내듯이 커트하는 방법이다.

### (2) 싱글링(Shingling)

싱글링은 빗살 위 방향으로 점차 이동하면서 클리퍼로 커트하는 방법으로 남성 커트 시 많이 사용한다.

〈 그림 3-5 〉 클리핑하는 방법

### 6) 아이론(Iron)

아이론은 1875년 프랑스의 헤어디자이너 마셀 그라또(Marcel Gurateau)에 의해 고안되었으며, 화열식으로 아이론을 직접 열에 달궈 사용하였다. 요즘은 전열식으로 온도조절이 가능하고 열을 이용하여 모발의 구조에 일시적인 변화를 주어 웨이브를 만드는 것으로 목적으로 한다.

#### (1) 아이론의 명칭

실질적으로 모발이 감기는 프롱(Prong)과 프롱을 감싸는 뚜껑과 같은 역할을 하는 그루브(Grove)로 구성되어 있다. 프롱과 연결되는 손잡이를 프롱 핸들, 그루브와 연결되는 손잡이를 그루브 핸들이라고 부른다.

#### (2) 아이론의 선택 방법

• 프롱과 그루브가 수평으로 곧고 매끄러워야 한다.

- 프롱과 핸들의 길이가 균등해야 한다.
- 연결 부분이 꼭 죄어져 있어야 하며, 손잡이의 개폐 동작이 부드러워야 한다.
- 발열과 절연상태가 좋아야 하고, 아이론 전체에 열이 균일하게 전달되는 아이론을 선택한다.

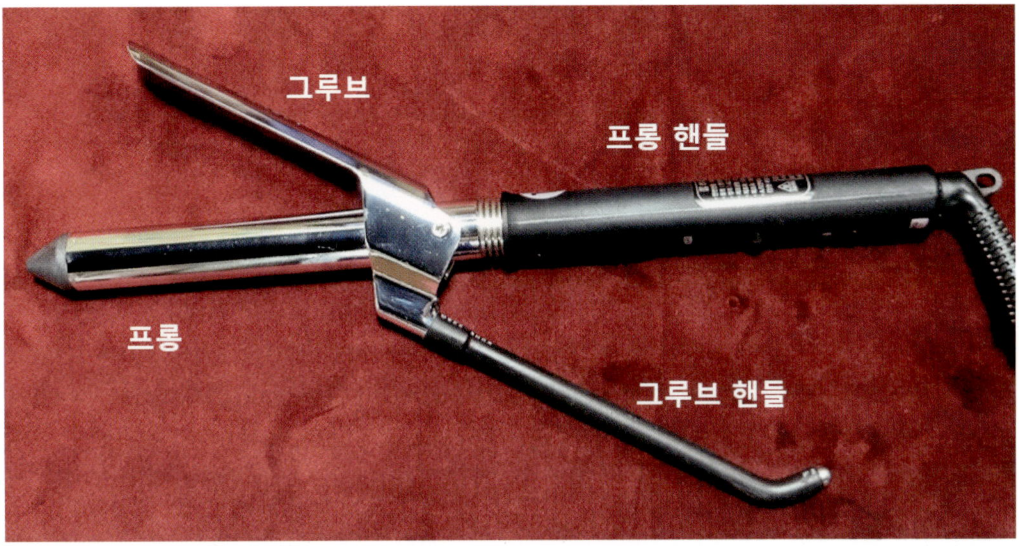


〈 그림 3-6 〉 아이론의 명칭

## 7) 기타 미용도구

### (1) 헤어 핀과 헤어 클립

- 컬의 고정이나 웨이브를 갖추는 등 미용 시술에 사용한다.
- 헤어 핀은 열린 핀과 닫힌 핀으로 나누어진다. 열린 핀은 오니 핀이나 U핀처럼 벌어져 있는 핀을 말하며, 닫힌 핀은 실핀이나 세팅 핀처럼 사용할 때마다 벌려서 사용해야 하는 핀이다.
- 헤어 클립은 컬의 고정에 사용하는 컬 클립과 웨이브 형성 고정에 사용하는 웨이브 클립으로 나눈다.

### (2) 컬링 로드(Curling Rod)

로드의 크기는 대, 중, 소로 구분하며 로드의 형태에 따라 콜드 웨이브, 히트 웨이브를 형성하는 데 사용한다.

### (3) 롤러(Roller)

원통상의 모양으로, 헤어 세팅할 때 모발의 볼륨감을 주기 위해 사용하며, 원통의 크기는 대, 중, 소로 구분한다. 재질은 합성수지이므로 소독 시에는 에탄올, 크레졸수, 석탄산, 자외선, 역성비누 등을 사용한다.

## 2. 미용기구

미용 시술 시 사용하는 물품을 정리하고 담아두는 데 필요한 용구를 미용기구라 하며 종류에는 샴푸 도기, 미용 의자, 소독기, 웨건 등이 해당한다.

### 1) 샴푸 도기

샴푸 도기는 고객의 목이 편안하고 각도에 잘 맞아 불편함이 없어야 하며 샤워기의 구멍은 일정하게 수압 조절이 되고, 냉·온수가 잘 나와야 한다.

### 2) 소독기

미용에 쓰이는 소도구를 소독 및 보관할 때 사용하는 자외선 멸균 소독기가 있다. 소독한 미용도구들을 꺼내기 위해 문을 열면 자외선이 자동으로 차단되어 인체에 해를 끼치지 않아야 한다.

## 3. 미용기기

미용기기는 넓은 의미로 보면 미용도구에 해당하는데 보통 동력을 이용한 기기를 말하며 헤어드라이어, 헤어 스티머, 헤어 히팅 캡 등이 있다.

### 1) 헤어드라이어(Hair Dryer)

샴푸 후 젖은 모발을 건조하거나 일시적 웨이브를 형성하는 등 헤어스타일링 시 아름답게 꾸미는 데 사용한다.

〈 표 3-4 〉 헤어드라이어의 종류

| 종 류 | 특 징 |
|---|---|
| 블로우 타입 | • 일반적인 헤어드라이어로 시술자의 조정에 따라 바람 조절이 가능 |
| 웨이빙 드라이 | • 노즐 앞에 빗이나 아이론, 롤 브러시 등이 부착되어 드라이와 스타일링을 동시에 가능 |
| 후드 타입 | • 바람의 열풍, 온풍, 냉풍 등의 순환과 선회를 이용하여 모발 건조 및 세팅 스타일링에 사용 |

### 2) 헤어 스티머

스티머는 두피의 근육 이완과 모발의 약액 침투를 촉진하는 데 사용한다. 퍼머넌트 웨이브 시술이나 트리트먼트, 모발 및 두피 클리닉 등에 적용되며 스티머의 적정 온도는 180~190℃이며, 방치 시간은 10~15분 정도가 적당하다. 분무 중의 온도와 증기의 입자는 균일하며 사용 시 증기의 조절이 가능해야 한다.

### 3) 헤어 히팅 캡

히팅 캡은 두피 및 모발 클리닉, 가온, 콜드액 시술에 약제가 고루 퍼지고 침투를 쉽게 하는 데 사용된다.

/ MEMO /

CHAPTER **04**

# 헤어 샴푸 및 컨디셔너

**학습 목표**

헤어 디자인 미용 기술 기초가 되는 샴푸의 특성을 이해하고, 두피 및 모발의 타입에 따른 샴푸 선택법을 익히며, 청결하고 건강한 두피 및 모발 유지법을 학습한다.

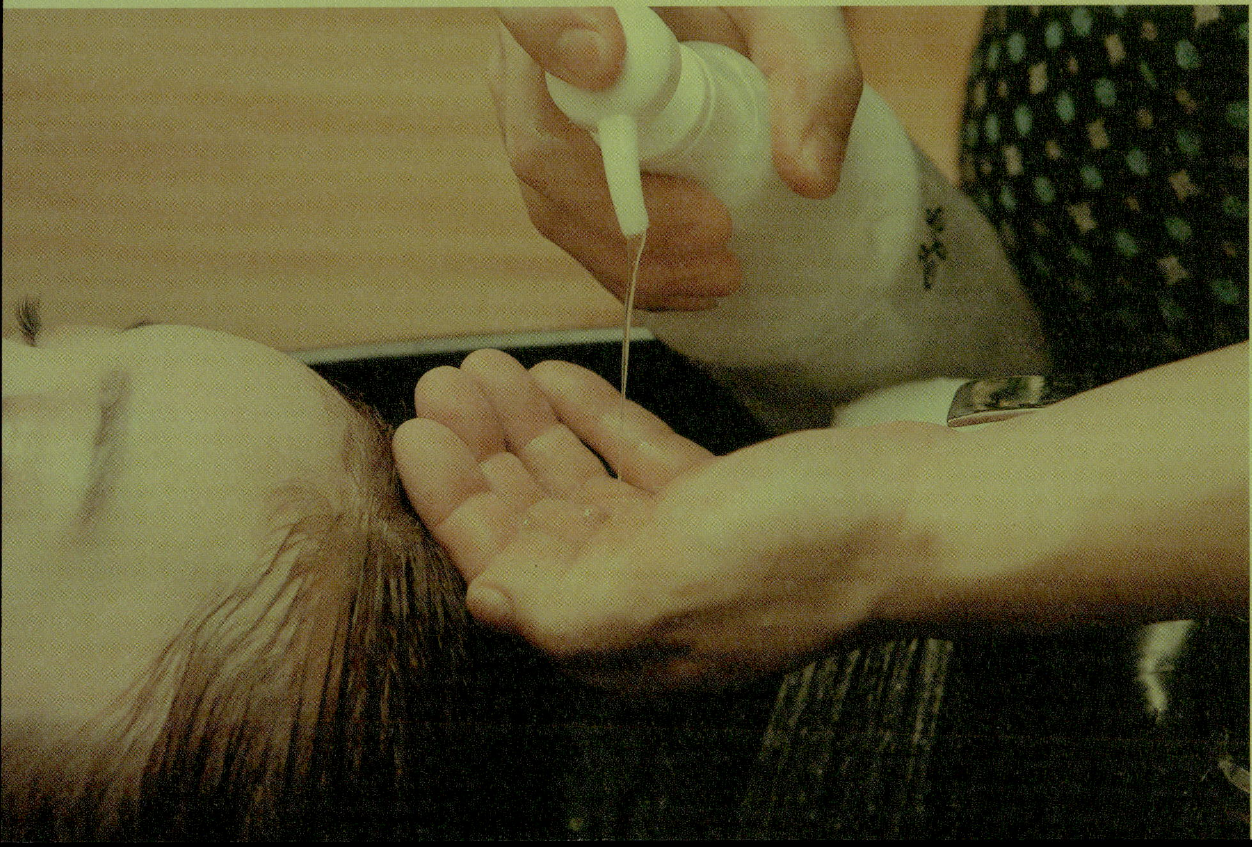

## 1. 헤어 샴푸(Hair Shampoo)

### 1) 헤어 샴푸의 이해

헤어 샴푸는 헤어 디자이너의 미용 기술 기초로 두피의 피지나 노폐물을 제거하여 모발의 청결과 건강을 유지시킨다. 또한 고객으로 하여금 만족감을 주는 중요한 요소로 샴푸 전 두피의 상처나 염증들을 잘 살피고 시술하도록 한다.

건강한 모발은 pH4.5~5.5의 약산성이므로 샴푸의 pH가 약산성 혹은 중성이어야 하며, 지나친 탈지 현상을 억제하며 적당한 세정력을 갖추어야 한다.

### 2) 헤어 샴푸의 종류

물을 사용하는 웨트 샴푸(Wet Shampoo)와 물을 사용하지 않는 드라이 샴푸(Dry Shampoo)가 있다. 드라이 샴푸는 환자들에게 적용되었으나 요즘은 거의 사용하지 않는 샴푸 방법이다.

퍼머넌트나 염색 전에 하는 프레 샴푸(Pre-Shampoo)는 사용 약제가 모발에 작용할 때 균일하게 하는 동시에 신속하게 작용되도록 하기 위해 실시한다. 이때 두피에 자극이 없도록 스캘프 트리트먼트(Scalp Treatment)를 미리 해두면 좋다. 퍼머넌트나 염색 후에 적용하는 애프터 샴푸(After Shampoo)는 약산성 샴푸가 적당하다. 중성이나 알칼리제 애프터 샴푸는 웨이브를 약하게 하거나 염료를 유출시킬 수 있기 때문이다.

#### (1) 웨트 샴푸(Wet Shampoo)

물을 사용하여 씻는 일반적인 헤어 샴푸로 플레인 샴푸(Plain Shampoo)와 스페셜 샴푸(Special Shampoo)로 나뉜다.

〈 표 4-1 〉 웨트 샴푸의 종류

| 종 류 | | 특 징 |
|---|---|---|
| 플레인 샴푸 | | • 중성 두피에 일반적으로 물을 사용하는 샴푸 |
| 스페셜 샴푸 | 핫 오일 샴푸 (Hot Oil Shampoo) | • 두피나 모발에 유분 공급을 위한 샴푸<br>• 잦은 퍼머넌트나 염색으로 건조해진 모발에 적용<br>• 플레인 샴푸 전 실시<br>• 올리브유 등의 식물성 오일을 따뜻하게 덥혀서 바르고 마사지 한 후 플레인 샴푸 |
| | 에그 샴푸 (Egg Shampoo) | • 지나치게 건조하거나 상한 모발, 노화된 모발 등에 적용<br>• 영양 공급을 위해 실시 |

### (2) 드라이 샴푸(Dry Shampoo)

거동이 불편한 환자나 가발, 가축을 위한 샴푸지만 현재는 거의 사용하지 않는 방법으로 물 없이 하는 샴푸 방법이다.

〈 표 4-2 〉 드라이 샴푸의 종류

| 종 류 | 특 징 |
|---|---|
| 파우더 드라이 샴푸 | • 액상 또는 분말로 주로 탄산마그네슘, 붕사 등 사용 |
| 리퀴드 드라이 샴푸 | • 벤젠 등 휘발성 용제나 에탄올 사용<br>• 주로 가발 세정에 사용 |
| 에그 파우더 샴푸 | • 달걀흰자를 거품내서 사용<br>• 환자나 가축 샴푸에 사용 |

## 3) 샴푸제의 선택

지성 두피의 경우 대부분 모발은 지성이고, 건성 두피의 경우 건성 모발인 경우가 많다. 하지만 두피와 모발이 항상 같은 것은 아니므로 두피와 모발의 상태가 다르면 각각 따로 샴푸를 적용하여야 한다.

〈 표 4-3 〉 두피와 모발 타입에 따른 샴푸제의 선택

| 두피 및 모발 | 샴 푸 제 |
|---|---|
| 정상 모발 | • pH 4.5 정도의 약산성 샴푸 |
| 비듬성 모발 | • 약용 샴푸에 해당하는 댄드러프(Dandruff) 샴푸제 사용<br>• 징크피리치온(Zinpyrithione)은 비듬 방지 효과가 있는 불용성 성분으로 샴푸에는 1%배합 한도 정해져 있음 |
| 염색 모발 | • 두발을 자극하지 않는 논스트리핑 샴푸(Non-stripping Shampoo)나 산성샴푸 사용 |
| 지성 모발 | • 합성세제나 중성세제가 적당하며 비누보다 세정력 우수 |
| 다공성 모발 | • 누에고치에서 추출한 성분, 난황성분 등 단백질을 주성분으로 한 프로테인 샴푸(Protein Shampoo)제가 모발의 탄력 강화 |

## 4) 시술 순서

모발을 충분히 브러싱하여 고객을 샴푸대에 앉힌다. 이때 의자 등받이에 샴푸 클로스를 걸친 후, 세발대와 손님의 목 사이에 타월을 놓아 불편하지 않도록 한다.

한 손은 정수리 부분에 놓아 머리를 고정시키고, 다른 한 손의 손가락을 이용하여 페이스 라인 주변머리를 지그재그로 문질러 준다. 이동 방향은 전두부에서, 측두부, 두정부, 후두부 순으로 진행한다.

양 손가락을 이용하여 뒷머리 부분의 끝에서부터 위쪽으로 리드미컬하게 올려 주고, 양쪽 엄지손가락을 이용하여 페이스 라인의 중앙부분에서 시작하여 관자놀이 부분까지 부드럽게 마사지하듯 내려온다. 시술을 마치면 모발에 물기를 살짝 제거해주고, 타월로 머리 전체를 감싸준다.

☞ 헤어 샴푸 시술 시 주의점

- 손톱을 짧게 깎는다.
- 손에서 액세서리는 모두 제거한다.
- 샴푸에 가장 적당한 물 온도는 36~38℃ 정도의 연수이다.
- 두피를 문지를 때는 손톱이 아니라 지문을 이용한다.
- 퍼머넌트 웨이브나 염색 시술 전 샴푸는 두피를 너무 자극하지 않도록 한다.
- 탈색 시술 전에는 가급적 샴푸를 하지 않는다.

## 2. 헤어 컨디셔너

### 1) 헤어 컨디셔너의 효능

모발을 물로 헹군다는 의미로 컨디셔너 또는 린스라고 말한다. 궁극적으로 린스의 목적은 모발에 남아있는 불용성 알칼리를 제거하는 것이다. 건조해진 모발에 영양을 공급하여 윤기와 광택을 부여하고, 정전기를 방지하여 빗질을 용이하게 한다.

샴푸제에 따라서 린스의 선택이 달라지는 데 합성세제 샴푸제는 오일 린스를 알칼리세제 샴푸제는 산성 린스를 중성세제 샴푸제는 크림 타입의 린스를 선택한다.

### 2) 헤어 컨디션의 종류

많은 사람들이 헤어 컨디셔너와 헤어 트리트먼트, 린스, 헤어 팩 등의 용어를 하나로 사용하는 경우가 많은데 그 차이를 알아보도록 하자.

☞ 헤어 컨디셔너 VS. 헤어 트리트먼트

| 헤어 컨디셔너(린스) | 헤어 트리트먼트(헤어 팩) |
|---|---|
| • 샴푸 후 모발 표면을 코팅(일시적)<br>• 일반적인 모발<br>• 정전기 방지와 자외선 차단<br>• 머리를 감을 때마다 매번 사용<br>• 도포 후 1분 후 | • 모발에 직접적으로 영양 공급<br>• 손상 모발 관리용<br>• 일주일에 2~3번 정도 사용<br>• 도포 후 15분 기다리기 |
| • 두 제품 모두 두피에 닿지 않게 모발에만 바르기<br>• 두 제품 모두 사용할 때는 트리트먼트 먼저(샴푸 → 트리트먼트 → 컨디셔너) | |

미지근한 물로 헹구는 가장 일반적인 방법을 플레인 린스라 하며, 유성 린스, 산성 린스, 약용 린스 등이 있다.

〈 표 4-4 〉 헤어 컨디셔너의 종류

| 종류 | | 특징 |
|---|---|---|
| 플레인 린스 | | • 일반적인 방법으로 미지근한 물로 헹구는 방법 |
| 유성 린스 | 크림 린스 | • 고급 지방산과 고급 알코올에 나놀린, 레시틴 등을 유화시켜 친수성 크림이나 유액으로 만든 린스<br>• 건조해진 두발에 지방분 공급<br>• 알칼리 성분 제거하는 효과 |
| | 오일 린스 | • 식물성 오일을 미지근한 물에 타서 모발을 헹구어 주는 방법<br>• 세정력이 강한 샴푸제 사용 시 모발에 적당한 유분 공급<br>• 건성 모발에 적합 |
| 산성 린스 | | • 퍼머넌트 웨이브 시술 후 남아있는 약액 제거<br>• 알칼리 성분을 중화<br>• 미지근한 물에 산성 린스제를 녹여서 사용<br>• 표백 작용이 있으므로 장시간 사용 피함<br>• 레몬 린스, 비니거 린스, 구연산 린스 등 |
| 약용 린스 | | • 살균과 소독 작용물질을 배합하여 만든 린스제<br>• 탈지면에 묻혀서 바르거나 모발과 두피에 직접 발라 마사지<br>• 메디시날 린스(Medicinal Rinse) : 비듬제거 및 두피 질환에 효과적 |

CHAPTER **05**

# 헤어 커트

**학습 목표**

헤어스타일링을 위한 기초 기술인 헤어 커트를 이해하고, 커트의 종류와 헤어 커트 시술법을 학습한다.

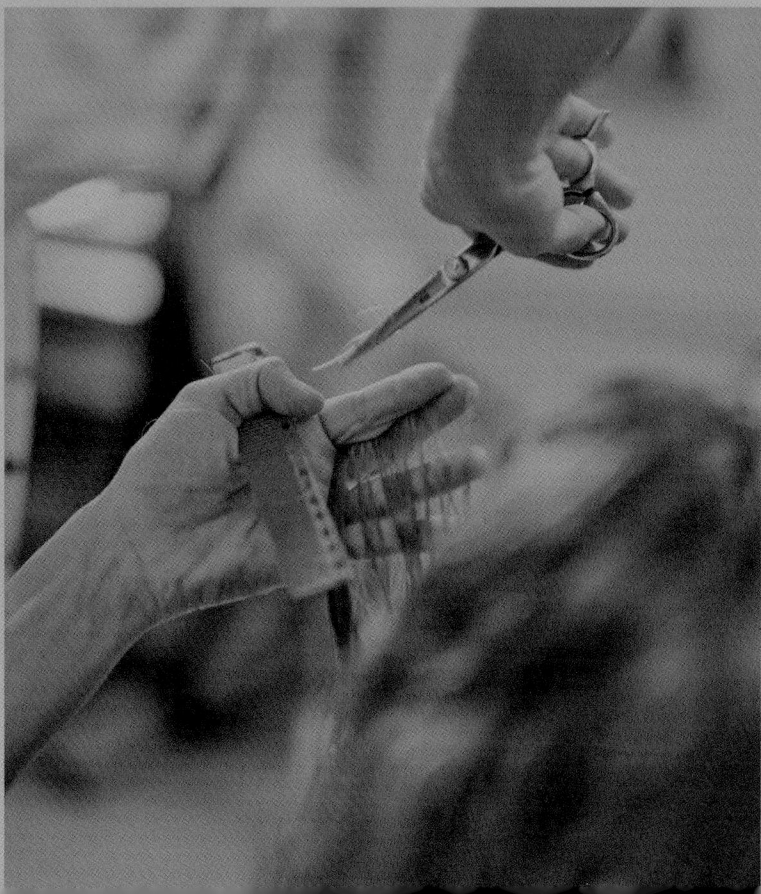

# 1. 헤어 커트의 기초 이론

## 1) 헤어 커트의 이해

헤어 커트(Hair Cut)는 헤어스타일을 만들기 위한 기초 기술로 헤어 셰이핑이라고도 한다. 커트는 모발의 길이를 자르거나 숱 감소, 볼륨, 방향, 질감 등을 밀도 있게 표현하는 것으로 '머리 모양의 형태를 만든다.'라는 의미이다. 퍼머넌트나 세팅에 의해서 형성되는 헤어스타일도 커트에 의해 사전에 형태가 만들어진다.

헤어 커트의 목적은 모발의 길이를 정리하고, 모발의 밀도 정비를 통해서 헤어스타일을 완성짓기 위한 기초를 만드는 것이다.

## 2) 헤어 커트 도구

### (1) 가위(Scissor)

가위는 모발을 커트하는 데 사용되는 주요 도구이며, 길이는 4인치에서 7인치로 종류는 다양하다. 가위의 길이는 짧을수록 섬세한 커트를 할 수 있고, 길수록 신속하게 커트를 할 수 있다.

#### ① 가위의 종류

미용 가위의 경우 사용 목적에 따라, 재질에 따라 분류한다.

〈 표 5-1 〉 가위의 종류

| 종 류 | 특 징 |
|---|---|
| 직선날 가위 | • 모발을 커트하고 셰이핑하는 데 사용<br>• 양날이 동일하게 매끄럽고 날카로움 |
| 틴닝가위 | • 모발숱을 감소시키거나 모발 끝을 부드럽게 할 때 사용 |
| 미니 가위 | • 4인치에서 5.5인치<br>• 모발 끝을 부드럽게 할때, 좀 더 세밀한 커트에 사용 |

| | |
|---|---|
| 곡선날 가위 | • 날은 직선날이지만 가윗날의 끝이 굽어져 있는 가위<br>• 스트로크 커트에 좋으며 프런트, 네이프, 사이드 등 세밀한 부분 수정이나 두발 끝 커트에 효과적 |
| 리버스 가위 | • 레이저와 가위의 이중효과를 목적으로 시작된 가위로 한쪽 날은 레이저로 되어있음<br>• 모발 끝을 가볍게 하는 커트용 |

#### ② 가위 잡는법

가위의 피봇나사가 본인을 바라보게끔 잡고 정날에 오른손 약지손가락(4번 손가락)을 끼우고 동날에 오른손 엄지를 끼우되 손톱에 걸치듯 끼운다. 엄지날만 움직이고 나머지 약지와 세 손가락을 움직이지 않고 엄지의 힘을 받쳐주는 역할만 한다.

커트하지 않을 시 가위 날을 닫은 뒤 엄지환에서 엄지를 빼고 주먹 쥐는 동작으로 가볍게 쥐고 엄지를 뺀 상태에서 빗을 쥐고 빗질을 한다.

### (2) 빗(Comb)

커트 시 머리카락을 곱게 빗어 매만지거나, 모발을 들어 올리는 역할을 한다. 빗은 빗살 간격이 일정한 것이 좋으며 고운살은 빗질 시, 얼레살은 섹션을 뜰 때 사용한다. 빗의 종류에는 스타일링을 위한 빗과 커트를 위한 빗이 있다.

〈 표 5-2 〉 빗의 종류

| 종 류 | 특 징 |
|---|---|
| 스타일링 빗 | • 커트 시 가장 일반적으로 사용되며 스타일링 시 사용 |
| 클리퍼 빗 | • 클리퍼를 이용한 커트 시 사용 |
| 이발용 빗 | • 싱글링처럼 넓은 면적의 모발을 특별한 섹션을 나누지 않고 빗질이나 빗의 각도를 이용하여 커트 시 사용 |

### (3) 클리퍼(Clipper)

클리퍼는 가위나 레이저와 마찬가지로 모발을 자르고 정돈하는 데 사용되는 도구로 1871년 프랑스 기계 제작자 바리깡에 의해 발명되어 일본을 통해 우리나라에 전해졌다.

다른 기구에 비해 마모되기 쉬우므로 시술 후 물기와 모발을 닦아내고 모발을 제거한 후 일주일에 3회 정도 기름칠을 해두는 것이 좋다.

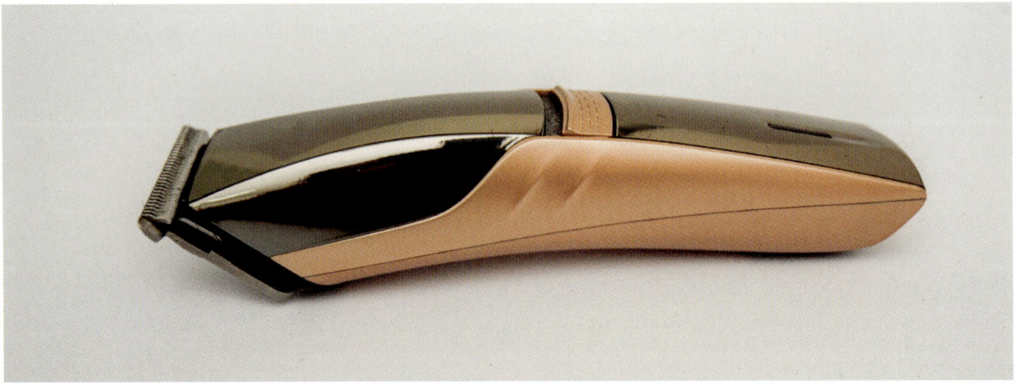

〈 그림 5-1 〉 클리퍼

### (4) 레이저(Razor)

레이저는 커트 시 자연스러운 모발의 질감 처리를 위해 사용하는 도구로 빠른시간 내에 시술할 수 있으며 세밀한 작업이 용이하다. 하지만 한꺼번에 많은 양을 자를 우려가 있으므로 초보자에게는 부적합하다. 또한 모발 단면이 비스듬히 잘리므로 가위로 커트하는 것보다 모발 손상이 심하다.

☞ 헤어 커트 시 주의점

- 두부의 골격 구조와 형태를 생각하면서 시술한다.
- 두피에서 모발의 각도 및 모량에 주의한다.
- 모발의 성장 방향과 카우릭의 성장 방향을 살핀다.
- 모발의 질과 끝이 갈라진 열모양의 양을 살핀다.
- 기준선을 정확하게 정한다.
- 슬라이스는 1~1.5 폭으로 직선으로 뜬다.
- 매 슬라이스마다 균일한 텐션으로 커트한다.
- 바른 자세로 커트한다.
- 올바른 가위 조작 방법을 행한다.

### 3) 헤어 커트의 종류

커트는 물의 사용 여부에 따라 웨트 커트와 드라이 커트로, 사용 도구에 따라 시저즈 커트와 레이저 및 클리퍼 커트로, 퍼머넌트 웨이브 시술 전후에 따라 프레 커트와 애프터 커트로 나눈다.

〈 표 5-3 〉 커트의 종류

| 종 류 | | 특 징 |
|---|---|---|
| 물의 사용 | 웨트 커트 | • 물을 적셔서 하는 커트로 모발의 손상을 최소화<br>• 정확한 커트 |
| | 드라이 커트 | • 물을 적시지 않고 건조한 상태로 하는 커트로 전체적인 형태 파악 쉬움<br>• 웨이브나 컬 상태의 모발에 미세한 길이 조절, 손상모 등 간단한 숱치기에 적당<br>• 스타일의 최종 마무리 시 사용 |
| 사용도구 | 시저스 커트 | • 가위를 이용한 커트<br>• 물을 적시는 웨트 커트와 드라이 커트 병행할 수 있음 |
| | 레이저 커트 | • 면도날을 이용한 커트<br>• 물을 적셔 시술하므로 웨트 커트 |
| | 클리퍼 커트 | • 클리퍼를 이용한 커트<br>• 머리를 짧게 커트, 네이프나 사이드 부분 올려칠 때 사용 |
| 퍼머넌트 전후 | 프레 커트 | • 퍼머넌트 웨이브 시술 전 커트<br>• 구상한 디자인보다 1~2㎜정도 길게 커트 |
| | 애프터 커트 | • 퍼머넌트 웨이브 시술 후<br>• 디자인에 맞춰서 하는 커트 |

### 4) 커트의 종류와 특징

#### (1) 블런트 커트(Blunt Cut)

직선 커트로 모발을 뭉툭하게 자르는 커트로 모발 손상이 적고 입체감을 내기 쉽다. 클럽 커트라고도 하며 원랭스, 스퀘어, 그라데이션, 레이어가 대표적이다.

① **원랭스 커트**(One-Length)

모발이 전체적으로 단차가 없는 동일선상으로 커트하는 것으로, 전형적인 보브 커트(Bob Cut)의 기본기법이다. 클럽 커트(Club Cut) 또는 솔리드 커트(Solid Cut)라 부르기도 한다. 커트라인에 따라 머시룸(mushroom Cut), 이사도라(Isadora), 패러렐 보브(Parallel bob), 스파니엘(Spaniel) 스타일이 있다.

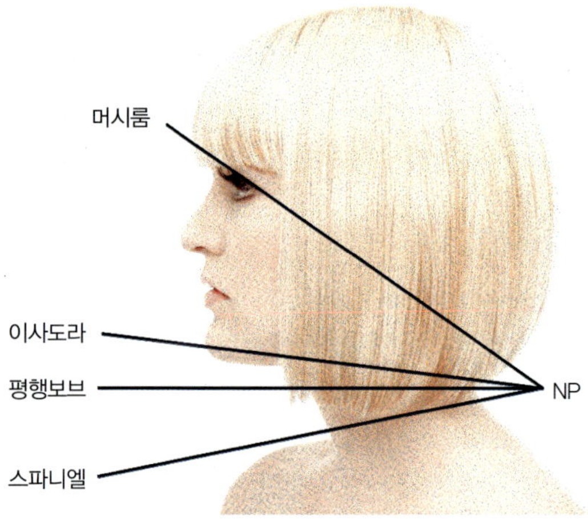


〈 그림 5-2 〉 원랭스 커트

② **스퀘어 커트**(Square Cut)

사각형과 직각의 의미가 있는 커트로 사각형의 느낌이 들도록 정방향으로 자르거나 두피로부터 90°로 들어서 자르는 커트를 말한다.

③ **그라데이션 커트**(Gradation Cut)

'단계, 점진적인'이란 뜻으로, 네이프 부분의 모발은 짧고 탑 부분으로 갈수록 모발의 길이가 점점 길어져 서로 겹쳐 쌓이는 것처럼 보인다. 모발의 단차가 많이 생기지 않는 스타일에 응용되는 커트이다.

④ **레이어 커트**(Layer Cut)

'층이 있다, 쌓다.'등의 뜻으로, 탑 부분의 모발은 짧고 하부로 갈수록 길어져 모발의 단차가 생기는 커트기법으로 긴 머리, 짧은 머리 모두 폭넓게 응용된다. 두피에서 90°이상의 각도로 들어서 자르는 커트로 점점 층이 생긴다.

### (2) 질감처리에 따른 방법

#### ① 테이퍼링(Tapering)의 종류

페더링(Feathering)이라고도 하며, 모발 끝으로 갈수록 붓처럼 점차 가늘게 커트하는 방법이다. 테이퍼링은 레이저나 틴닝가위로 한다.

〈 표 5-4 〉 테이퍼링의 종류

| 종 류 | 특 징 |
|---|---|
| 엔드(End) 테이퍼링 | • 모발의 양이 적을 때 스트랜드 끝부분 ⅓정도에서 테이퍼링 |
| 노멀(Nomal) 테이퍼링 | • 모발의 양이 보통일 때 스트랜드 끝부분 ½정도에서 테이퍼링 |
| 딥(Deep) 테이퍼링 | • 모발의 양이 많을 때 스트랜드 끝부분 ⅔정도에서 테이퍼링 |

#### ② 스트로크 커트(Stroke Cut)

가위에 의한 테이퍼링을 스트로크 커트라 하며, 모발의 숱 감소와 볼륨의 효과를 볼 수 있다. 이때 사용하는 가위는 곡선날 리버스 시저스가 적합하다.

〈 표 5-5 〉 스트로크의 종류

| 종 류 | 특 징 |
|---|---|
| 쇼트(Short) 스트로크 | • 가위의 각도는 0~10° |
| 미디엄(Midium) 스트로크 | • 가위의 각도는 10~45° |
| 롱(Long) 스트로크 | • 가위의 각도는 45~90°<br>• 스트랜드의 길이도 길어져 모발이 가벼움 |

## 2. 헤어 커트 시술

### 1) 트리밍(Trimming)

형태가 이미 완성된 헤어스타일의 완성된 라인을 마무리하기 위해 머리카락 끝을 가볍게 수정하면서 커트하는 방법이다.

#### (1) 포인팅(Pointing) 기법

커트 후 뭉툭한 느낌이 없는 자연스러운 모발을 위해 끝을 45°정도로 비스듬히 커트하는 기법으로 가위 끝이 손가락의 머리끝을 향에 움직이는 질감을 만들기 위한 것이다.

〈 표 5-6 〉 포인팅 기법의 종류

| 종 류 | 특 징 |
|---|---|
| 슬라이싱<br>(Slicing) | • 가위 날을 벌린 상태에서 미끄러지듯 움직임<br>• 머리끝 부분에 가벼운 질감을 표현하는 데 사용 |
| 슬라이딩<br>(Sliding) | • 페이스 라인을 중심으로 주변 라인을 슬라이싱과 같은 방법으로 커팅하는 방법 |
| 나칭<br>(Notching) | • 머리 길이를 불규칙하게 하여 두꺼운 질감 표현하기 위해 사용하는 기법<br>• 블런트 커트의 딱딱한 느낌 완화 |

#### (2) 틴닝(Thinning)

틴닝은 모발의 길이를 짧게 하지 않으면서 전체적으로 모발 숱을 감소시키는 방법으로 굵고 억센 모발은 모근 가까이에서 커트해 준다.

#### (3) 슬리더링(Slithering)

슬리더링은 가위를 사용해서 모발을 틴닝하는 방법으로 이때 사용하는 가위는 틴닝가위가 아니라 커팅가위나 레이저를 사용해서 모발 끝을 불규칙하게 커트하는 방법이다.

### 2) 클리핑(Clipping)

클리퍼나 가위를 이용하여 형태가 이루어진 모발선에 손상모 등의 불필요한 모발 끝을 제거하거나 정리·정돈하기 위해 가볍게 손질하는 커팅 기법이다.

### 3) 싱글링(Shingling)

싱글링은 장가위를 이용하여 45°각도로 빗을 대고 커트하는 방법이다.

모발에서 빗을 천천히 위로 이동시키면서 빗에 끼어있는 모발을 잘라내는 기법으로 주로 남성 커트 시 적용한다.

### 4) 크로스 체크 커트(Cross Check Cut)

크로스 체크 커트는 최초의 슬라이스 선과 교차되도록 체크하는 커트를 말한다.

## 3. 커트 시 필요한 두부의 명칭 및 사용 용어

### 1) 두부의 명칭

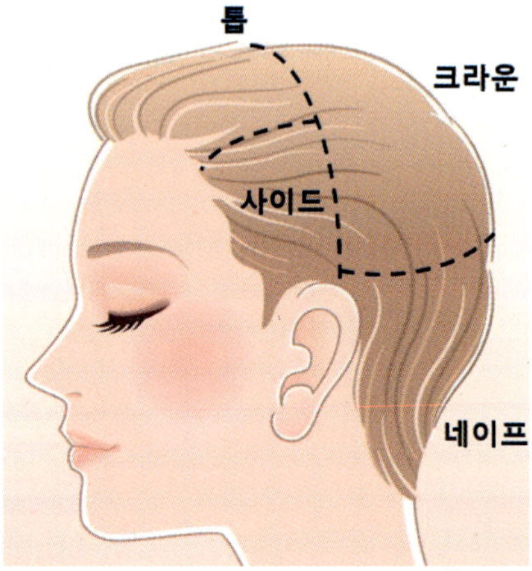


센터 (Center) — 전두부
탑(Top) — 전두부
크라운(Crown) — 두정부
사이드(Side) — 측두부
백(Back) — 후두부
네이프(Nape) — 후두부

〈 그림 5-3 〉 두부의 명칭

### 2) 두부의 포인트

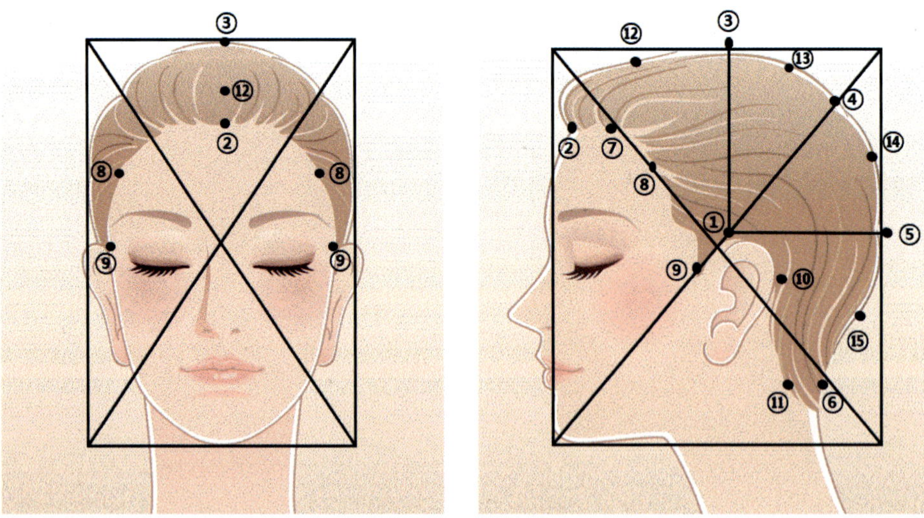

〈 그림 5-4 〉 두부의 포인트

| 번호 | 포인트 | 위치설명 |
|---|---|---|
| ① | E.P | Ear Point |
| ② | C.P | Center Point |
| ③ | T.P | Top Point |
| ④ | G.P | Golden Point |
| ⑤ | B.P | Back Point |
| ⑥ | N.P | Nape Point |
| ⑦ | F.S.P | Front Side Point |
| ⑧ | S.P | Side Point |
| ⑨ | S.C.P | Side Corner Point |
| ⑩ | E.B.P | Ear Back Point |
| ⑪ | N.S.P | Nape Side Point |
| ⑫ | C.T.M.P | Center Top Medium Point |
| ⑬ | T.G.M.P | Top Golden Medium Point |
| ⑭ | G.B.M.P | Golden Back Medium Point |
| ⑮ | B.N.M.P | Back Nape Medium Point |

/ MEMO /

CHAPTER **06**

# 퍼머넌트 웨이브

**학습 목표**

퍼머넌트의 개념과 퍼머넌트 웨이브의 기초이론 및 현장에서 사용되어지는 트렌드 퍼머넌트를 학습한다.

## 1. 퍼머넌트(Permanent) 웨이브의 원리

### 1) 퍼머넌트의 이해

퍼머넌트(Permanent)는 '영속하는', '영구적인'뜻으로 열 또는 화학약품의 작용으로 모발조직에 변화를 주어 오래 유지될 수 있는 영구적인 웨이브를 만드는 방법을 말한다.

#### (1) 물리적인 작용

웨이브 형성을 위해 로드(Rod)라는 기구에 물리적인 힘을 가해 모발을 감으면서 모발에 적당한 긴장감(Tension)을 준다.

#### (2) 화학적인 작용

1액의 환원작용에 의해 모발의 시스틴(Cystine)결합 절단과 로드에 둥글게 말려진 상태에서 2액의 산화작용에 의해 시스틴 재결합으로 웨이브가 형성된다.

### 2) 퍼머넌트의 역사

고대 이집트(B.C3000년경)에서 알칼리 성분의 점토와 나뭇가지 막대로드로 컬을 만들고 직사광선의 열을 이용하여 웨이브를 만들었다. 그리스 로마시대는 철봉을 이용하여 웨이브를 형성하였다.

그 후 1870년 프랑스의 마셀 그라또(Marcel Grateau)에 의해 웨이브를 만드는 기구인 아이론이 발명되었다. 1905년 영국의 찰스 네슬러(Charles Nessler)는 웨이브를 영구적으로 지속시키는 방법을 연구하던 중 모발에 붕사를 바르고 금속성 원형롤러를 이용하여 와인딩 후 열을 가하여 웨이브 만들기에 성공하였다. 이때의 와인딩은 스파이럴 식 웨이브(Spiral Wrap) 형태였는데 그 후 1925년 죠셉 메이어(Joseph Mayer)가 짧은 모발에도 가능한 모발 끝에서부터 모근 쪽으로 와인딩 해나가는 크로키놀 식 웨이브(Croquignol Wrap)를 고안했다.

### 3) 웨이브의 종류

모발에 반드시 열을 가하는 히트 웨이브(Heat Wave)와 현재 일반적으로 사용되는 방법인 콜드 웨이브(Cold Wave)가 있다.

〈 표 6-1 〉 웨이브의 종류

| 히트 웨이브(Heat Wave) | 콜드 웨이브(Cold Wave) |
|---|---|
| • 머신 웨이브(Machine wave)<br>– 1905년 영국의 찰스 네슬러에 의해 증기나 열을 기계적으로 사용하는 웨이브로 스파이럴식(나선형) 웨이브 | • 1욕법<br>– 1종류의 용액, 티오글리콜산 암모늄을 주제로 한 1종류의 솔루션만 사용<br>– 2액(산화제)의 역할은 공기 중의 산소로 자연산화<br>– 시간이 많이 걸려 상업용으로 부적합 |
| • 프리 히트 웨이브(Free Heat wave)<br>– 와이어리스 웨이브(Wireless wave)<br>– 1931년 히팅기구로 전기를 사용하지 않고 특수한 금속으로 만든 히팅 클립(Heating Clip)을 이용하는 퍼머넌트 웨이브 | • 2욕법<br>– 1액은 티오글리콜산 또는 시스테인을 주성분으로 모피질에 적용되어 웨이브 형성<br>– 2액은 산화제, 중화제, 정착제라고도 하며 웨이브 고정<br>– 현재 가장 많이 사용 |
| • 머신리스 웨이브(Machineless wave)<br>– 캐미컬 웨이브(Chemical wave)<br>– 1932년 특수 약품의 화학작용에 의해 발열되는 것을 이용하여 퍼머넌트 시술 | • 3욕법<br>– 2욕법에 연화제 또는 보호제를 추가로 사용하는 방법<br>– 저항모나 발수성모는 퍼머먼트 전 연화제를, 손상모나 다공성모는 퍼머넌트 전에 보호제 사용<br>– 1액은 두발을 팽윤·연화시키기 위해 와인딩 전에 사용하며, 제2액은 환원제, 제3액은 산화제 역할 |

## 2. 퍼머넌트 웨이브 시술

퍼머넌트 웨이브는 자연 상태에서 쉽게 절단되지 않는 시스틴결합을 화학적으로 절단(환원 작용)하여 모발에 웨이브를 형성시킨 다음 그대로 산화제를 이용하여 다시 시스틴을 결합(산화작용)함으로써 반영구적인 웨이브로 정착시키는 것이다.

## 1) 사전 처리

퍼머넌트 웨이브 시술 전 모발 및 두피의 손상을 방지하며 균일한 웨이브가 만들어지도록 시술하는 처리를 사전 처리라 한다.

두피의 상처나 염증 등 이상 질환을 확인하고 모발에 대한 올바른 진단은 프로세싱 타임(방치 시간)의 설정, 로드와 약액의 선정, 사전 처리의 필요성과 직결되는 중요한 조건 중 하나이다. 특히 웨이브 형성이 잘되는 다공성 모발인지, 웨이브 형성이 잘되지 않는 저항성 모발인지의 진단은 꼭 필요하다.

손상 모발이나 다공성 모발에는 트리트먼트 또는 단백질을 분해하여 만든 PPT 용액을 도포하고, 발수성 모발은 지방 과다 모발로 수분을 밀어내는 성질을 지니고 있으므로 특수 활성제를 도포한다.

〈 표 6-2 〉 모발의 다공성

| 종 류 | 특 징 |
|---|---|
| 다공성 모발 | • 모발의 간층 물질이 소실되어 모발조직에 빈 구멍이 많이 생겨 건조해지기 쉬운 손상모<br>• 다공성은 모발이 얼마나 빨리 유액을 흡수하느냐에 따라 결정 됨<br>• 다공성 정도가 클수록 프로세싱 타임이 짧음 |
| 저항성 모발 | • 모표피가 빽빽하게 밀착되어 빈 구멍이 거의 없는 모발 상태<br>• 솔루션이 적으므로 프로세싱 타임을 길게 함<br>• 모발에 물을 분무했을 때 물이 흡수되지 않고 많이 튕겨 떨어지면 저항성 모발 |

## 2) 퍼머넌트 와인딩

와인딩(Winding)이란 모발을 로드에 감는 기술을 말하며 적당한 로드의 선택은 퍼머넌트 디자인을 하는 데 있어 성공적인 결과를 얻어낼 수 있다.

로드를 말기 쉽도록 두상을 나누어 구획하는 것을 브로킹(Blocking) 또는 섹션(Section)이라고 하며, 섹션의 크기는 로드의 크기, 모발의 질, 모발의 밀도에 따라 유형을 달리한다.

### (1) 퍼머넌트 와인딩 기법

와인딩 시술은 네이프에서 백, 사이드, 톱의 순서로 말아간다. 네이프는 소형로드, 크라운의 하부와 사이드는 중형로드, 톱과 크라운의 상부는 대형의 로드를 사용한다.

와인딩의 각도는 너무 강하거나 느슨하지 않게 적당한 텐션을 유지하도록 120°정도 해야 스트랜드가 안정적이다. 볼륨을 살리고자 한다면 90°, 볼륨을 줄이고자 한다면 눕혀서 60°로 고려하여 와인딩하여야 한다.

〈 표 6-3 〉 와인딩 기법

| 종 류 | 특 징 |
|---|---|
| 스파이럴식 와인딩 | • 나선형의 와인딩으로 두피에서 모발 끝으로 와인딩 하는 방법<br>• 머리카락을 겹치지 않게 회전시켜서 동일한 웨이브 형성 |
| 크로키놀식 와인딩 | • 모발 끝에서부터 시작하는 와인딩으로 가장 많이 사용하는 기법<br>• 모발 끝에는 컬(Curl)이 작고 두피 쪽으로 가면서 컬이 커지는 와인딩<br>• 오버 랩 되면서 와인딩 하여 웨이브 폭이 다름<br>• 긴 모발에서 짧은 모발까지 다양하게 적용할 수 있지만 짧은 모발에 더 효과적 |

### (2) 모발 상태와 와인딩

모발이 굵고 숱이 많은 경우는 브로킹을 작게 하고, 로드의 직경도 작은 것을 선택한다. 반대로 모발의 숱이 적고 모발이 가는 경우는 브로킹을 크게 하고, 로드의 직경도 큰 것으로 와인딩한다.

모발 끝을 펴서 와인딩하면 콤 아웃할 때 모발 끝이 갈라지는 것을 방지할 수 있고, 모발 끝을 모아서 와인딩하면 볼륨을 주거나 방향을 정할 때 효과적이다.

## 3) 환원작용(1액 도포) 및 프로세싱(Processing)과 테스트 컬(Test Curl)

프로세싱은 캡을 씌운 때부터 시작하여 약 10~15분 정도로 모발의 길이, 숱, 솔루션의 강도, 시술받는 사람의 체온 등에 따라 달라진다. 1액의 작용 정도를 판단하여 정확한 프로세싱 타임을 결정하고 웨이브의 형성 정도를 테스트하는 것을 테스트 컬이라하며, 웨이브의 탄력이 부족한 경우는 프로세싱을 계속해야 한다. 프로세싱 타임 이상으로 1액의 방치 시간이 길어지면 오버 프로세싱(Over Processing)이 되고 모발 끝이 자지러지기 쉽다. 1액의 방치 시간이 짧은 경우를 언더 프로세싱(Under Processing)이라고 하며, 웨이브의 형태는 느슨하게 된다.

### 4) 중간 린스

프로세싱이 끝난 후 2액의 산화작용이 원활히 이루어지도록 모발에 부착된 1액을 미지근한 물로 헹구는 것을 말한다.

중간 린스의 단계를 거치지 않고 2액을 적용하면 모발에 남아있는 1액과 2액이 희석되어 산화작용이 제대로 되지 않으며, 웨이브의 고정력은 떨어진다. 또한, 1액이 제대로 씻겨나가지 않게 되어 두피와 모발을 손상하게 된다.

### 5) 산화작용(2액 도포)

2액은 다른 말로 뉴트럴라이저 또는 중화제라고도 하는데 2액의 산화작용은 1액의 환원된 모발을 자연 상태의 모발로 회복시켜 웨이브의 형태를 고정하는 역할을 할 뿐, 중화제라는 말처럼 알칼리 성분을 중화시키는 작용은 없다.

이 때 중화제의 작용을 효과적으로 하기 위해서는 중간 린스 후에는 반드시 물기를 충분히 제거한 후 로드 하나하나에 꼼꼼히 2액을 도포 해야 균일한 웨이브를 형성할 수 있다.

### 6) 후처리

로드를 제거 후 퍼머넌트 약제가 두피에 남지 않도록 충분히 헹궈 낸 다음 산성 린스를 해주어야 모발의 pH가 정상이 될 수 있다. 또한 모발의 자극으로 손상 방지를 위한 트리트먼트 제품으로 모발을 보호해 준다.

시술 직후에는 두피 및 모발이 건조한 상태이고, 웨이브의 풀림 또는 모발 손상을 줄이기 위해 뜨거운 드라이 바람은 피하고 저온으로 모발의 물기를 제거해 준다.

CHAPTER **07**

# 헤어 세팅

학습 목표

헤어 세팅의 기초 이론을 이해하고, 헤어 디자인에 따른 세팅 시술법을 익혀서 업스타일 연출을 학습한다.

## 1. 헤어 세팅의 기초 이론

헤어 세팅은 헤어스타일을 고정적으로 형성하여 모발의 일정한 형태를 만들기 위한 기술이다. 머리 모양의 기초를 만드는 오리지널 세트(최초의 세트, Original Set)와 오리지널 세트의 헤어스타일을 재구성 또는 재정비한다는 의미의 리세트(마무리 세트, Re-Set)로 분리한다.

### 1) 오리지널 세트(Original Set)

오리지널 세트는 헤어스타일 완성의 기초가 되는 최초의 세트를 말하며 기본 요소에는 헤어 파팅, 헤어 셰이핑, 헤어 컬링, 롤러 컬링, 헤어 웨이빙 등이 있다.

#### (1) 헤어 파팅(Hair Parting)

헤어 파팅은 흔히, 가르마라고 부르며 헤어스타일을 연출할 때, 얼굴형과 두발의 흐름, 머리의 형태, 트랜드 등을 고려하여 모발을 나누는 것을 파팅이라 하고 모발을 자를 때 두상을 나누는 것을 블로킹(blocking)이라고 하며, 블로킹을 더 작게 나누는 것을 슬라이스(Slice) 또는 섹션(Section)이라고 한다.

〈 표 7-1 〉 파트의 종류

| 종 류 | | 특 징 |
|---|---|---|
| 센터 파트 |  | • 전두부 헤어라인 중심에서 두정부를 향한 직선 가르마<br>• 앞가르마, 정가르마<br>• 역삼각형 얼굴, 둥근 얼굴에 어울림 |
| 사이드 파트 |  | • 옆 가르마로 오른쪽, 왼쪽 둘 다 가능<br>• 종류 ; 6:4, 7:3, 8:2<br>• 눈썹의 ⅓지점에서 뒤쪽을 향해서 직선으로 나눈 파트 |
| 라운드 사이드 파트 |  | • 사이드 파트를 곡선으로 나눈 것<br>• 각진 얼굴에 잘 어울림 |

| | | |
|---|---|---|
| 업 다이애거널 파트 |  | • 사이드 파트의 응용으로 분할선이 뒤쪽 위로 경사지게 올려진 파트<br>• 가르마의 위치를 대각선으로 나눈 것 |
| 다운 다이애거널 파트 | 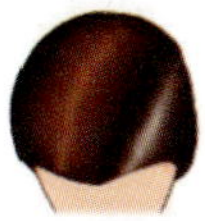 | • 사이드 파트의 응용으로 분할선이 뒤쪽 아래로 경사지게 내려진 파트 |
| 크라운 투 이어 파트 | 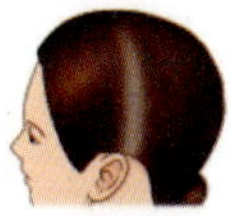 | • 사이드 파트의 파트 뒷부분으로서 귀바퀴 상부를 향해 수직으로 나눈 파트 |
| 이어 투 이어 파트 | 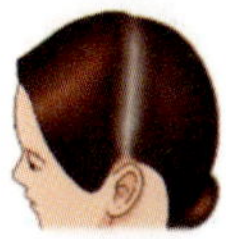 | • 한 쪽 귀 상부에서 두정부를 지나 다른 한 쪽 귀 상부를 향해서 수직으로 나눈 파트 |
| 백센터 파트 |  | • 두상의 전체를 정중선으로 2등분하여 오른쪽 왼쪽으로 나눔<br>• 센터 백 파트라고도 함 |
| 랙탱글 파트 | 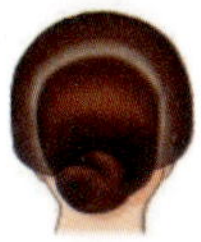 | • 이마의 양쪽에서 사이드 파트하여 두정부에서 직사각형으로 나는 파트 |
| V파트 |  | • 3각형 모양 또는 V자 모양<br>• 이마의 양쪽과 두정부 정점을 연결 |
| 스퀘어 파트 |  | • 이마 양쪽에서 사이드 파트 하여 두정부 근처에서 이마의 헤어라인에 수평하게 나눈 파트 |
| 카우릭 파트 |  | • 두정부의 가마로부터 방사상으로 나눈 파트 |

### (2) 헤어 셰이핑(Hair Shaping)

셰이핑은 '빗질'이라는 의미로 헤어스타일링을 할 때 빗으로 빗으면서 스타일을 만드는 것이다. 세팅에서는 '모발의 모양을 만들다', '모발의 결을 맞추다'라는 의미로 사용되고 컬 및 웨이브를 만들기 위한 토대가 되는 기초 단계이다.

모발이 가지런한 흐름으로 움직일 수 있게 흐름을 만들어 주는 빗질 방법으로 볼륨과 방향을 만들어 주고, 이 빗질로 웨이브의 흐름을 결정한다. 빗의 각도에 따라 수평(수직) 라인보다 위쪽을 향해 30° 이상 올려 빗은 업 셰이핑(Up Shaping)과 수평(수직) 라인보다 아래쪽을 향해 30° 이상 내려 빗은 다운 셰이핑(Down Shaping)이 있다.

### (3) 헤어 컬링(Hair Curling)

컬(Curl)은 '곱슬곱슬하다', '비틀다' 등의 의미로 미용 용어로서의 헤어 컬링은 모발에 웨이브, 볼륨, 플러프를 만들기 위하여 모발 끝에 변화와 움직임을 주는 것을 말한다. 이 컬을 구성하는 요소는 헤어 셰이핑, 스템의 방향, 슬라이스의 정도, 텐션, 루프의 크기, 베이스, 컬을 마는 방법이 있다.

#### ① 컬의 명칭

컬의 명칭은 모발의 줄기를 뜻하는 스템(Stem), 컬 스트랜드의 근원이 되는 모발의 뿌리를 베이스(Base)라고 한다. 원형으로 말린 컬을 루프(Loop), 컬이 말리기 시작하는 지점은 피봇 포인트(Pivot Point), 모발 끝은 엔드 오브 컬(End of Culr)이라고 한다.

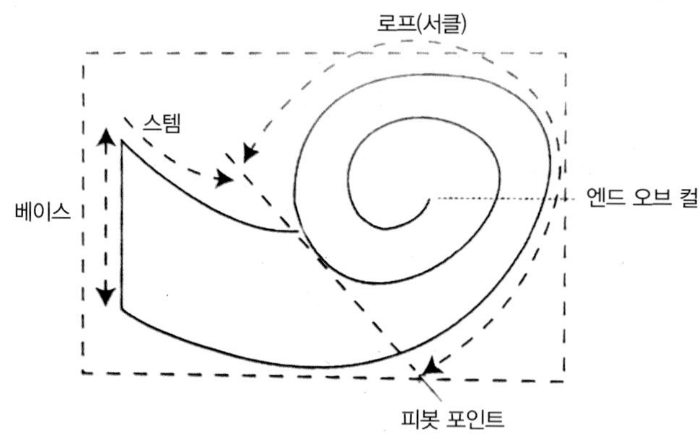


〈 그림 7-1 〉 컬의 명칭

### ② 컬의 종류

컬의 종류는 컬의 각도와 말린 방향, 와인딩 상태에 따라 분류한다.

〈 표 7-2 〉 컬의 종류

| 종 류 | 특 징 |
|---|---|
| 스탠드 업 컬<br>(Stand Up Curl) | • 루프가 두피에 90°로 세워져 있는 것<br>• 풍성한 볼륨 형성 |
| 리프트 컬<br>(Lift Curl) | • 루프가 두피에서 45°로 세워져 있는 것 |
| 플랫 컬<br>(Flat Curl) | • 루프가 두피로부터 각도 없이 납작하게 형성(두피에서 0°) |
| 클락 와이즈 와인드 컬<br>(Clock Wise Wind Curl) | • 컬의 말려진 방향이 오른쪽으로 되어 있는 것<br>• 시곗바늘 방향<br>• C컬이라 부름 |
| 카운터 클락 와이즈 와인드 컬<br>(Counter Clock Wise Wind Curl) | • 컬의 말려진 방향이 왼쪽으로 되어 있는 것<br>• 시곗바늘 반대 방향<br>• CC컬이라 함 |
| 포워드 컬<br>(Forward Curl) | • 컬의 말려진 방향이 귓바퀴 방향으로 말려져 있는 것<br>• 얼굴 쪽을 향해서 마는 컬 |
| 리버스 컬<br>(Reverse Curl) | • 컬의 말려진 방향이 귓바퀴 반대 방향으로 말려져 있는 것<br>• 얼굴 뒤쪽을 향해 마는 컬 |
| 스컬프처 컬<br>(Sculpture Curl) | • 모발 끝이 루프의 안쪽, 중심에 있는 것<br>• 웨이브는 두피 쪽으로 갈수록 느슨해 짐 |
| 메이폴 컬<br>(Maypole Curl) | • 모발 끝이 루프의 바깥쪽으로 형성되게 하여 핀으로 고정<br>• 핀 컬(Pin Curl)이라 하며 웨이브는 모발 끝으로 갈수록 느슨해짐 |

### ③ 스템의 방향

루프가 베이스에 들어가 있는 상태는 논 스템(Non Stem), 루프가 베이스에 반쯤 걸쳐진 상태는 하프 스템(Half Stem), 루프가 베이스에서 벗어난 상태를 풀 스템(Full Stem)이라고 한다. 논 스템은 볼륨이 가장 높고 움직임이 가장 적으며 컬이 오래 지속된다. 볼륨이 가장 낮고 움직임이 가장 큰 스템은 풀 스템이며, 하프 스템은 볼륨과 움직임이 보통 수준이다.

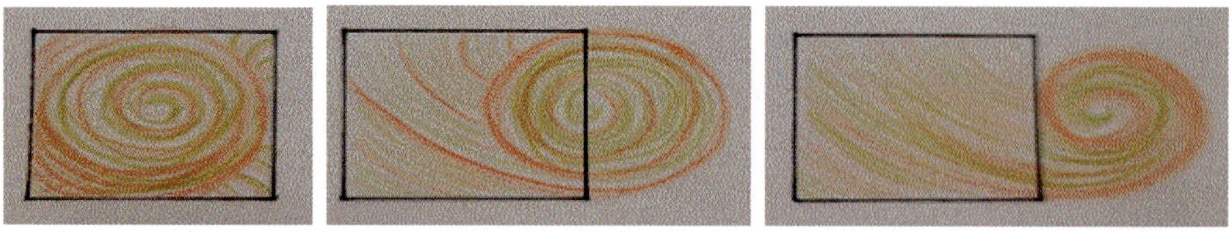

〈 그림 7-2 〉 스템의 종류

### (4) 헤어 롤링(Hair Rolling)

주로 모발에 볼륨 또는 방향을 갖고자 할 때 하는 작업이다. 롤러 컬은 원통상의 롤러를 사용하여 만든 컬로 자연스럽고 부드러운 웨이브를 형성하여 볼륨을 준다.

### (5) 헤어 웨이빙(Hair Waving)

헤어스타일에서 사용되는 선의 형태가 물결 모양을 이루었을 때 이것을 웨이브라고 한다. 물결 모양을 S자 모양으로 만드는 작업을 웨이빙이라 하며, 만드는 방법에 따라 핑거 웨이브, 컬 웨이브, 아이론 웨이브로 나뉜다.

#### ① 헤어 웨이빙의 명칭

웨이브의 시작점에서 시작하여 융기점을 지나 엔딩까지의 명칭을 말한다.

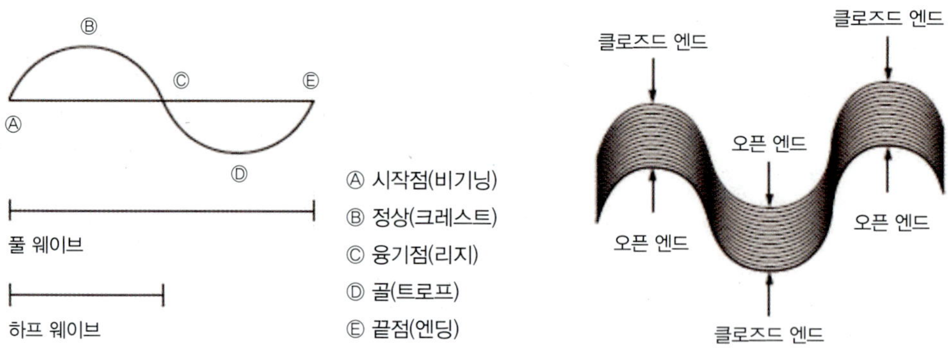


〈 그림 7-3 〉 헤어 웨이빙 각부의 명칭

#### ② 웨이브의 종류

웨이브를 만드는 도구, 웨이브의 방향, 웨이브 형상에 따라 분류한다.

〈 표 7-3 〉 웨이브의 종류

| 종 류 | | 특 징 |
|---|---|---|
| 도구 | 컬 웨이브 | • 컬링 로드나 전기 세팅 로드를 이용하여 형성된 웨이브 |
| | 마셀 웨이브 | • 마셀 아이론의 열에 의해 형성된 웨이브 |
| | 핑거 웨이브 | • 세팅 로션 또는 물을 이용하여 세팅 빗과 손가락을 사용하여 형성된 웨이브 |
| 방향 | 버티컬 웨이브 | • 웨이브의 리지가 수직으로 형성된 것 |
| | 다이애거널 웨이브 | • 웨이브의 리지가 사선으로 형성된 것 |
| | 호리존탈 웨이브 | • 웨이브의 리지가 수평으로 형성된 것 |
| 형상 | 와이드 웨이브 | • 다음칸 크레스트가 가장 뚜렷하고 선명한 웨이브 |
| | 섀도 웨이브 | • 다음칸 리지가 거의 눈에 띄지 않는 자연스러운 굵은 웨이브 |
| | 내로우 웨이브 | • 다음칸 리지와 리지 폭이 좁고 급한 웨이브가 나타나는 웨이브<br>• 곱슬곱슬하게 퍼머넌트 된 것처럼 형성된 웨이브 |

## 2) 리세트(Re-Set)

리세트는 오리지널 세팅을 다시 손질하여 원하는 헤어스타일 형태로 완성하는 최종 단계를 말한다.

### (1) 일반적인 리세트 과정

헤어스타일을 끝맺음하는 것으로 미적 디자인 기술로 콤 아웃(Comb Out)은 그 자체가 하나의 기술이다. 콤 아웃은 오리지널 세트를 매만지면서 의도했던 헤어스타일의 형태와 흐름을 자연스럽게 만들어 내고 오래 지속시키기 위한 것이다.

시술 과정은 브러싱(Brushing), 코밍(Combing), 백 코밍(Back Combing) 순서로 진행

된다. 브러싱은 브러시로 마무리하는 것으로 브러시 아웃(Brush Out)이라 한다. 브러시로는 표현되지 않는 중요한 작은 부분은 코밍에 의해 이루어지는데, 이를 빗으로 마무리하는 것을 코밍이라하며, 빗을 스트랜드의 뒷면에 직각으로 넣고 모근을 향해 내리누르듯이 빗질하여 모발을 세우는 것은 백 코밍이다.

### (2) 뱅(Bang)

이마에 내려뜨린 앞머리로 일종의 장식 머리를 뱅이라 한다.

〈 표 7-4 〉 뱅의 종류

| 종 류 | 특 징 |
|---|---|
| 플러프 뱅 (Fluff Bang) | • 컬을 깃털과 같이 일정한 모양을 갖추지 않고 꾸밈없이 부풀려서 볼륨을 준 뱅 |
| 롤 뱅 (Roll Bang) | • 롤을 형성한 뱅 |
| 웨이브 뱅 (Wave Bang) | • 모발 끝을 풀 또는 하프웨이브로 라운드 플러프로 하는 웨이브를 형성하는 뱅 |
| 프렌치 뱅 (French Bang) | • 뱅의 모발을 업 콤하고 모발 끝을 너풀너풀하게 부풀린 느낌으로 플러프로 내린 뱅 |
| 프린지 뱅 (Fringe Bang) | • 가르마 가까이에 작게 낸 뱅 |

### (3) 엔드 플러프(End Fluff)

엔드 플러프는 모발 끝이 원형 또는 반원형으로 이루어지며, 위쪽으로 구부러지면 업 라운드 플러프(Up Round Fluff), 아래쪽으로 구부러지면 다운 라운드 플러프(Down Round Fluff)이다. 또 모발이 가지런히 모아져 구부러진 것을 덕 테일(Duck Tail)이라 하고, 모발 끝이 갈고리 모양으로 구부러져 반원형의 플러프로 끝나는 것은 페이지 보이 플러프(Page Boy Fluff)이다.

## 2. 헤어디자인 및 세팅 기술

헤어스타일은 두상의 형태, 얼굴 형태나 체형에 따라 다양하게 모양을 변화 시킬 수 있다. 또, 헤어스타일은 헤어디자인요소들의 시각적 특징이 조합되어 형성되는 것으로 머리의 형태, 질감, 컬러 등이 있다.

### 1) 헤어디자인의 3요소

#### (1) 형태(Form)

형태는 선, 모양, 방향 등으로 이루어져 입체적으로 머리 형태를 표현하는 윤곽(Outline) 혹을 실루엣(Silhouette)을 말한다. 이는 3차원적이고 보는 각도에 따라 다르게 보일 수 있으며 얼굴모양, 목의 길이, 어깨선 등과 조화를 이루어야 한다.

#### (2) 질감(Texture)

질감은 촉각과 시각으로 느낄 수 있는 머릿결 표면의 질감이나 볼륨을 말한다. 질감은 커트 테크닉, 퍼머넌트, 컬러링 또는 업스타일링이나 마무리 작업 시 스타일링 테크닉의 형태에 따라 다양하게 표현되어 진다.

#### (3) 컬러(Color)

헤어컬러는 볼륨을 증감시키거나 피부색을 보완함으로써 얼굴의 이미지뿐 아니라 토탈 코디네이션에 있어 전체적인 분위기를 좌우한다.

### 2) 헤어 디자인의 법칙

#### (1) 조화(Harmony)

하나의 조형물에서 부분과 전체 또는 부분과 부분 사이에 서로 잘 어울리는 것을 조화라고 한다.

### (2) 대조(Contrast)

서로 상반되는 요소가 좌우의 바람직한 관계로 다양한 디자인의 변형을 만드는 것을 말한다. 성질이나 분량이 다른 요소들이 가까이 있을 때 대조 요소는 더욱 잘 나타난다.

### (3) 통일(Unify)

모든 구성 요소들을 전체로 종합해서 통합하는 것이다. 헤어 디자인에 있어 여러 가지 미적 요소들을 조직화시켜 통일을 이룸으로써 조화로운 형태와 질감 및 컬러를 나타낸다.

### (4) 균형(Balance)

미적으로 만족스러운 디자인 요소들의 통합으로 대칭 또는 비대칭이 될 수 있다. 대칭은 중심축의 양쪽에 디자인 단위의 위치와 관련하여 크기와 모양에 균일하게 균형을 이루며 비대칭은 축의 반대쪽과 불균등하게 균형을 이룬다.

### (5) 반복(Repetition)

헤어 디자인에서의 반복이란 위치를 제외하고 모든 면에서 구성이 일정한 간격을 두고 되풀이 하는 것이다. 형태뿐만 아니라 색상, 질감, 방향의 반복 등이 있다.

## 3) 신체 조건에 따른 구상

### (1) 두상의 형태

사람마다 두개골의 형태가 다르고 두상 역시 다르다. 일반적으로 두상은 모발이 젖어 있을 때 잘 보인다.

### (2) 목

목이 짧은 경우는 모발을 위로 올리고 양 옆은 가까이 끌어내어 목이 길어 보이도록 연출한다. 굵고 두꺼운 목은 부드러운 다이애거널 웨이브의 헤어스타일을 하고 수평선 상의 원랭스 컷과 같은 헤어스타일은 피한다. 그리고 너무 가늘거나 긴 목의 경우에는 높이

올린 올림머리는 피하는 것이 좋다.

#### (3) 키

키와 모발의 길이는 비례하다. 키가 작을수록 모발의 길이도 짧게, 키가 클수록 모발의 길이도 길게 한다.

#### (4) 모발의 질감

굵고 숱이 많은 모발은 곡선상의 헤어스타일을 하고, 숱이 많은 모발보다는 숱이 적고 가는 모발일수록 볼륨감을 주는 것이 좋다.

#### (5) 헤어라인

모발의 성장 방향, 카우릭(Cowlick)의 방향 및 헤어라인의 형태를 파악하여 디자인하며 스타일에 맞는 방향을 잡아주도록 한다.

### 4) 얼굴 형태에 따른 디자인

각각의 얼굴형을 파악하여 조화롭게 헤어스타일을 연출하도록 한다. 얼굴형은 여러 가지가 있지만 5가지 형태로 정의하였다.

**① 계란형**

계란형은 가장 이상적인 얼굴형으로 아름답고 자연스러운 균형을 이루고 있어 어떠한 헤어스타일도 잘 어울린다. 계란형이라도 이목구비, 이마의 차이에 따라 각각의 특징이 있으므로 모발의 길이와 디자인이 달라질 수 있다.

② 역삼각형

역삼각형은 이마의 윗부분이 넓고 갸름한 턱선으로 약해보일 수 있으므로 얼굴형이 확연히 드러나는 스타일은 피하고, 파트는 센터 파트가 어울리며 헤어스타일의 포인트는 턱선에 헤어컬과 웨이브를 주어 부드러운 분위기를 준다.

### ③ 둥근형

둥근형은 실제 나이보다 어려보이고 귀여운 이미지의 장점이 있는 동시에 세련된 분위기가 부족하다. 스타일의 포인트는 얼굴전체를 작아보이게 하는 것이며 둥근 얼굴을 강조하면 개성적으로 보인다. 전두부의 뱅을 높게 만들고 양 사이드는 볼륨을 없애고, 짧은 커트에 부드러운 컬이 있으면 귀여운 이미지로 표현할 수 있다.

### ④ 장방형

긴 얼굴은 성숙하고 우아한 이미지를 가지고 있으나, 자칫 나이가 들어 보인다. 전두부를 낮게 하고 양 사이드에 볼륨을 주거나 이마에는 컬을 이용하여 적절한 뱅을 만들어 긴 얼굴을 커버할 수 있다.

### ⑤ 각진형

각진형은 서양인의 얼굴에서 많이 보이고 광대뼈와 각진 턱으로 강한 분위기를 줄 수 있다. 결점을 커버하기보다는 지적이고 세련된 이미지를 부각시켜 개성을 표현하거나 부드러움을 주어 여성다움을 연출한다.

## 3. 헤어 아이론 및 블로우 드라이

## 1) 아이론(Iron)

### (1) 아이론의 원리

컬리 아이론(curly iron)이라 하며 모발에 일정한 열을 가하여 웨이브나 컬을 만들 수 있는 기기를 아이론이라 한다.

모발 내 수소결합은 고열에 의해 수분이 감소하면서 재결합하고, 염 결합은 고열에 의해 결합이 끊어졌다가 다시 재결합하는데 고열에 의해 일시적으로 모발의 구조에 변화를 주어 스타일링 형성하는 것이 아이론의 원리이다. 이러한 원리를 기본으로 고열을 이용해 모발의 수분을 감소시키며 물리적인 힘을 가해 새로운 형태의 모양을 만들게 되는데 그 형태 변화는 스트레이트, 웨이브, 컬이 된다.

### (2) 아이론의 사용법

아이론을 쥐는 기본 동작은 그루브를 아래로, 프롱을 위로 하고 엄지와 검지 손가락 사이에 핸들을 쥐고 아이론을 여닫을 때는 약지와 소지 세 번째 관절에 끼워 잡는다.

아이론의 회전각은 45°로 시술자의 반대쪽 방향으로 회전시켜 준다. 빗은 두피에서 직각이 되도록 하고 웨이브에 손상이 가지 않게 주의하고, 스트랜드는 두피에서 3~4㎝정도 거리를 두고 시술한다. 아이론의 적정 온도는 120~140℃이며 손상모의 경우는 이보다 저온에서 시술한다. 아이론은 뜨거운 온도에서 사용하는 것보다 적정 온도에서 여러 번 반복 사용하는 것이 좋으며 온도가 과열되었을 때는 핸들의 한쪽으로 회전시켜 온도를 식혀준다.

아이론을 사용 시 바닥에 떨어지지 않도록 주의하고, 절연상태를 확인하고 코드 움직임 등에 유의한다.

〈 그림 7-4 〉 아이론 사용법

## 2) 블로우 드라이

### (1) 블로우 드라이의 원리

모발에 물이 닿으면 모발 내부의 측쇄 결합 중 수소결합이 일시적으로 끊어졌다가 모발이 마르면 다시 재결합이 이루어진다. 모발의 결합이 약해진 틈을 타서 열과 바람을 이용하여 모발의 수분을 증발시켜 다시 결합이 이루어지기 전에 새로운 형태를 잡아주면서 건조시키면 그 형태 그대로 결합이 고정된다.

블로우 드라이의 목적은 모발의 흐름을 정리하여 모발에 윤기를 부여하거나 원하는 방향으로 와인딩하여 웨이브의 강·약을 연출하는 등 만족한 헤어스타일을 창조해 내는 마무리 작업이다.

### (2) 블로우 드라이의 사용법

모발에 습기가 너무 많거나 완전 건조 상태에서는 드라이의 효과가 떨어지므로 모발에 적당량의 수분량이 있어야 한다. 드라이 후에도 잔여 수분량은 11~13%가 적당하다. 헤어 세럼이나 에센스를 적당히 발라 모발을 보호하면서 모발 안쪽부터 실시한다. 헤어 드라이어로 바람을 줄 때 1㎝ 정도의 간격을 두고 시술하며, 일반적인 드라이의 경우 섹션의 폭은 2~3㎝ 정도가 적당하다. 머리 위에서 2~3초 바람을 준 후 약 2초간 드라이어를 치우고 롤의 바깥쪽 ⅓에 바람을 쐬어 준다.

굵기가 다른 브러시를 준비하여 볼륨과 길이에 맞게 사용하며 모발 끝 부분은 텐션이 잘 주어지지 않으므로 브러시를 회전하여 조절한다.

드라이어기의 바람이 나오는 출구는 고객의 두피, 얼굴, 목으로 직접 향하지 않도록하고, 드라이어기의 코드가 고객의 어깨나 얼굴에 닿지 않도록 주의한다.

## 4. 업스타일 연출

### 1) 업스타일의 이해

업스타일은 긴 모발을 활동목적에 따라 편리하고 아름답게 표현하는 헤어스타일의 한 분야로 입체적으로 머리를 높이 빗어 올려 목선을 드러내는 여자의 머리 모양 또는 꾸밈새라고 정의 한다.

### 2) 업스타일에 필요한 도구와 사용법

업스타일에 필요한 도구는 세팅기 및 매직기나 아이론, 드라이기, 꼬리빗과 핀세트, 망이나 싱 등이 필요하다.

〈 그림 7-5 업스타일용 제품〉

〈 표 7-5 〉 업스타일에 필요한 도구와 사용법

| 도　구 | 사　용　법 |
|---|---|
| 세팅기 | • 전기를 이용하여 웨이브 연출하는 기구로 업스타일 외 굵은 웨이브 연출에 사용 |
| 드라이기 | • 전기 세팅기보다 웨이브 연출력은 부족하지만 롤 브러쉬 사이즈에 따라 내츄럴한 웨이브가능 |
| 매직기, 아이론 | • 웨이브를 주거나 펴서 스타일링 |
| 꼬리빗(덕 테일 콤) | • 모발을 정리하거나 백콤을 줄 때 사용 |
| 돈모 브러시 | • 백콤 처리 된 모발의 표면(결)을 정돈 |
| 싱 | • 백콤만으로 부족한 볼륨을 주고자 할 때 사용 |
| 망 | • 많은 양의 머리를 한꺼번에 올릴 때 씌어 주어 머리를 정리하거나 흘러내림 방지 |
| 핀 | • 대핀, 실핀, 유핀, 오니핀, 핀컬 핀 등 |

### 3) 업스타일의 핀워크

업스타일에서 핀워크란 핀을 꽂는 방식을 말하며 기본적으로 가장 많이 적용되는 핀워크는 수직 고정법, 수평 고정법, 크로스 고정법이다. 수직 핀워크는 가장 기본이 되며, 수평 핀워크는 수평으로 고정하되 마지막 꽂는 핀은 반드시 반대방향으로 꽂아야 한다. 크로스 핀워크는 U핀을 꽂은 뒤 U핀으로 크로스 되게 꽂는 방법이다.

〈 그림 7-6 〉 업스타일 핀워크

### 4) 토대 만들기

토대란 건축물 구조를 받치는 중심축으로 디자인의 기초가 되는 부위이며 모발의 양에 따라서 머리카락의 양을 조절한다. 모발의 양감으로 풍성한 볼륨을 줄 수도 있다. 토대를 만드는 방법에는 고무줄로 묶거나 3가닥 땋기, 백콤 넣기 등이 있다.

〈 그림 7-7 〉 3가닥 땋기를 이용한 토대 만들기

### 5) 업스타일의 기본 테크닉

업스타일의 기본 테크닉에는 꼬기(Twist), 땋기(Braid), 겹치기(Over Lap), 고리(Loop) 등이 있다. 1가닥 또는 2, 3가닥의 머리를 돌려서 밧줄 같은 모양을 만들어 내는 디자인 기법은 꼬기 기법이고, 땋기는 3가닥 이상의 교차와 꼬기를 반복하여 오밀조밀한 디자인을 연출하는 것으로 2가닥 땋기와 4가닥 땋기 등이 있다. 겹치기는 2가닥을 교차하여 십자 모양으로 디자인을 연출하는 기법이며, 모발을 접거나 동그랗게 고리 모양으로 만들어 다양한 디자인을 연출하는 것을 고리라고 한다.

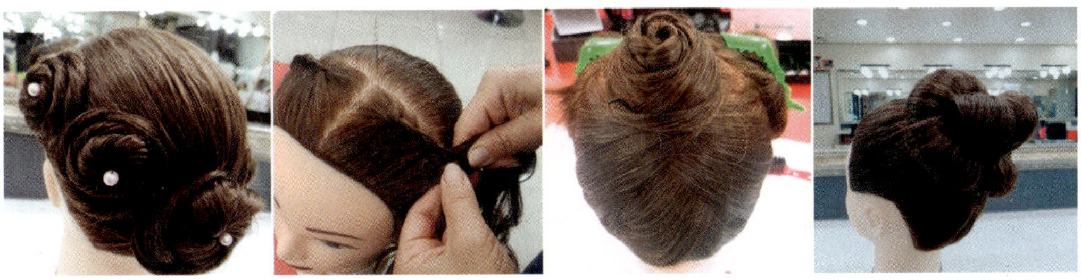

〈 그림 7-8 〉 업스타일 기본 테크닉

/ MEMO /

CHAPTER **08**

# 모발 및 두피관리

**학습 목표**

모발과 두피의 기본적인 특성을 이해하고, 유형의 특징 및 유형에 따른 관리법을 익히며, 스캘프 매니플레이션과 탈모관리법을 학습한다.

## 1. 모발과학

### 1) 모발의 발생과 구조

모발은 피부의 성장과 동일하다. 모발의 발생은 최초로 모낭이 만들어졌을 때부터 시작되고 이 모낭을 구성하는 세포는 피부의 표피로부터 유래한다. 즉, 모발은 피부의 일부로 피부와 별개로 생각해서는 안 된다.

#### (1) 모발의 발생

모발은 모근에서 유연한 세포로 생성되어 자라다가 모간으로 나오면서 서서히 탈수현상을 겪으며 수분이 빠지고 각화되어 단단해진다. 위에서 말했듯이 모발은 피부의 성장과정과 동일하다. 단, 모발은 표피가 함몰되어 만들어진 모낭의 하부구조인 모구에서 만들어졌을 뿐이다.

모발의 성장은 개인의 영양 상태, 호르몬의 변화, 유전적인 요인, 기온과 일광 등의 영향을 받지만 모유두에서 비롯되어진다. 이 모유두의 수는 태어날 때 결정되어지므로 모발이 성장을 계속 하기 위해서는 모유두가 활동을 멈추지 않아야 한다. 그러나 모유두는 평생 계속 활동하지 않으므로 모발의 성장도 계속하지 않는다는 것을 의미한다.

모발이 어느 정도 성장을 하면 성장을 멈추고 휴식을 취하기도 하다가 다시 성장을 한다. 이것을 우리는 모발의 성장 사이클이라 부르고 3단계로 분류된다.

**① 1단계 : 생장기/성장기**(anagen stage)

모발이 성장하는 시기로 영양섭취나 호르몬, 비타민의 영향을 받기도 한다. 성장기의 수명은 3~6년으로 전체 모발의 80~90%를차지하고 성장기 단계에서 모발은 한 달에 1~1.5㎝ 정도 자란다.

**② 2단계 : 퇴화기**(catagen stage)

모구부가 수축하여 모유두로부터 분리되어 대사 과정이 서서히 그려지는 시기로 성장되 점점 느려지면서 성장기가 끝나게 된다. 퇴화기의 수명은 1~1.5개월 정도이며 전체 모발의 1%를 차지한다.

③ **3단계 : 휴지기 / 정지기**(talogen stage)

모유두가 위축되고 모낭은 차츰 쪼그라들어 모근은 위쪽으로 밀려 올라가 빠진다. 모발이 없어지는 시기로써 다음 성장기 단계가 시작될 때까지의 수명은 3~4개월이며 전체 모발의 10~14% 해당된다.

## (2) 모발의 구조

모발은 각화현상을 되풀이하면서 피부 내에 있는 모근부와 피부 밖으로 나와 있는 모간부로 나눌 수 있다.

### ① 모근부의 구조 및 특성

모근부 중 유일한 진피 구성요소인 모유두에는 신경이나 모발을 성장시키는 영양분을 나르는 모세혈관이 들어있다. 이 모유두에서 영양분을 흡수하면 모모세포는 성장, 분열을 반복한다. 성장과 분열한 새로운 세포는 위로 밀려올라 가면서 각화가 이루어진다.

〈 표 9-1 〉 모근부 구조 및 특성

| 구 분 | 특 성 |
|---|---|
| 모낭 | • 주머니 모양으로 모근을 감싸고 있는 부분 |
| 모구 | • 모낭의 아래쪽에 전구모양<br>• 모발 성장에 관여<br>• 모기질 세포와 멜라닌 세포로 구성되며 표피의 배아층에 해당 |
| 모유두 | • 영양분을 모세혈관으로부터 받아서 모모세포에 전달<br>• 주변에 모세혈관 및 신경 분포<br>• 성장기에는 모낭과 붙어 있으나 휴지기에는 모낭과 분리 |
| 피지선 | • 모발 생성 과정에서 가장 먼저 생성<br>• 남성 호르몬과 관련 깊고 신경의 지배는 받지 않음<br>• 모발의 살균, 중화, 모표피의 보호 및 광택 |
| 입모근 | • 모낭벽에 붙어 있음<br>• 수축 시 모발을 수직으로 곤두세우며 피지 분비 촉진<br>• 눈썹, 속눈썹, 코 털 등에는 존재하지 않음 |

### ② 모간부의 구조 및 특성

모발은 육안으로 보면 한 낱 간단한 줄기로 보이지만 매우 복잡한 여러 겹의 층으로 이루어져 있고 모표피(cuticle), 모피질(cortex), 모수질(meduulla)로 분류된다.

〈 표 9-2 〉 모간부 구조 및 특성

| 구분 | 특성 |
|---|---|
| 모표피 | • 모발을 단단하게 싸고 있는 가장 바깥쪽의 각질세포<br>• 경질 케라틴 단백질의 비늘모양 혹은 기와 모양<br>• 단단한 반면 마찰이나 물리적·화학적 작용에 의해 잘 부서짐<br>• 3개의 층(에피큐티클, 엑소큐티클, 엔도큐티클)으로 구성 |
| 모피질 | • 연단백질과 피질세포가 모발의 길이방향으로 늘어선 세포집단<br>• 모발의 80~90%차지<br>• 모발의 성질을 좌우하는 제일 중요한 부분<br>• 모발의 색을 결정하는 과립상의 멜라닌 색소 포함<br>• 친수성으로 약제의 작용을 쉽게 받음(퍼머넌트, 컬러링과 관련)<br>• 모발의 물리적·화학적 또는 역학적인 성질 좌우 |
| 모수질 | • 모발의 중심부분으로 구멍이 나 있고 그 안에 공기 함유(공기의 양이 많을수록 모발에 광택)<br>• 가느다란 모발에서는 찾아 볼 수 없음 |

## 2) 모발의 특징

### (1) 모발의 pH

모발의 pH는 4.5~5.5일 때 케라틴은 가장 안정적이고 단단한 구조를 가진다. 이 범위를 벗어나면 변성하는데 산성쪽으로 기울수록 딱딱하게 응고가 되고 알칼리쪽으로 기울수록 부드럽게 연화되며 팽윤성을 가진다. 모발은 산성에서보다 알칼리에서 손상도가 더 크므로 강 알칼리로 시술한 모발은 특별한 케어가 필요하다.

### (2) 모발과 수분(흡습성)

모발은 평소에 10~15%의 수분을 함유한다. 머리를 감은 직 후에는 30~35%, 드라이어기로 건조해도 10% 전후의 수분을 함유하고 있다. 모발은 젖은 상태에서 1.5배 정도까지 늘어나고 수증기를 가할 경우는 2배까지 늘어날 수 있으나 과도한 당김은 모발의 탄성한계를 넘어 끊어질 수 있으므로 주의해야 한다.

### (3) 모발의 다공성

모발속의 단백질이 분해되고 유출되어 빈 공간이 생기는데 이를 모발의 다공성이라고 한다. 잦은 시술로 인해 생긴 공간에는 수분을 함유하게 되고 수분을 많이 함유하면 다공성이 크다고 하고 이런 모발의 다공성으로 염색이나 코팅 등의 시술이 가능하다.

### (4) 모발과 멜라닌 색소

멜라닌 색소는 멜라노사이트(melanocyte)에서 티로시나아제(tyrosinase)라는 효소의 생합성에서 시작된다. 티로신(tyrosine)이 몇 단계를 거치면서 산화되어 최종적으로 멜라닌 색소가 만들어 지는데 모발의 모피질 속에 존재하며 각기 다른 색과 조합하여 다양한 색상을 나타낸다.

멜라닌에는 흑색에서 적갈색까지의 모발의 어두운 색을 결정하는 유멜라닌과 붉은 색이나 노란색을 띠는 페오멜라닌이 있다. 유멜라닌과 페오멜라닌의 상대비율, 전체적인 멜라닌의 양과 유형에 따라 모발의 색상을 결정하는데, 동양인에게는 유멜라닌이 많아서 모발이 비교적 어두운 편이다.

## 3) 모발관리

우리의 모발은 모발의 성장 사이클을 통해 자연적으로 성장이 멈추는 휴지기와 퍼머넌트나 염색 시술처럼 화학적 요인에 의해 변화된다. 모발 건강의 기본은 머리감기, 즉 청결에서 시작되므로 개인의 두피와 모발타입에 적절한 헤어제품 사용으로 윤기 있고 건강한 모발을 유지한다.

〈 표 9-3 〉 모발 유형별 관리법

| 구 분 | 관 리 법 |
| --- | --- |
| 손상 모발 | • 손상된 모발끝 커트<br>• 샴푸 후 트리트먼트로 수분공급과 표피층 코팅처리하여 광택부여<br>• 드라이어기 사용을 피하고 자연바람 건조(드라이어기 사용 시 찬바람 건조) |
| 건성 모발 | • 화학적 시술 전 모발보호 제품사용 전처리<br>• 알코올과 알칼리성성분 다량 함유된 제품자제<br>• 부적합한 샴푸로 무리한 세정금지<br>• 헤어팩, 트리트먼트로 수분공급 |
| 지성 모발 | • 브러싱으로 모발을 정돈하고 청결유지<br>• 지성모발용 기능성 샴푸사용<br>• 주 1회 트리트먼트 사용으로 모발끝 손상방지 |
| 비듬 모발 | • 자주 샴푸하여 항상 청결유지<br>• 비듬 전용 샴푸사용<br>• 혈액순환을 원활하게 브러싱과 두피마사지 |

## 2. 두피관리

환경오염과 잦은 화학적 시술로 인해 모발은 손상되고, 여기에 내적인 스트레스까지 겹쳐 민감해진 두피는 문제성 두피로, 심하면 탈모로까지 진행 될 수 있다.

우리의 모발은 두피의 여러 가지 활동에 의해 만들어지는 신체의 부속물로, 건강한 모발을 가지기 위해서는 모발이 생겨나는 두피가 튼튼해야 한다. 건강한 두피를 만들기 위해서는 균형 있는 영양을 섭취하는 것이 가장 중요하다.

건강한 모발과 두피를 유지하기 위해서는 우선 두피를 유형별로 이해하고 관리법을 잘 알아야 한다. 따라서 두피관리는 건강하고 탄력 있는 모발케어를 위한 중요한 첫 걸음이다.

### 1) 두피의 유형과 특징

건강한 두피는 정상적인 색과 부드러운 탄력성과 외부로부터의 자극에도 저항성을 가지고 있어 두피의 생리작용이 활발하다. 건강한 모발을 자라게 하기 위해 두피건강은 매일 체크하여 관리하고, 관심으로 지켜보아야 한다.

### (1) 정상 두피

정상 두피의 모공은 불순물이 없이 깨끗한 상태로 열려있고, 두피 전체가 촉촉하며 색상은 우유 빛으로 투명하다. 보통 한 개의 모공에 2~3개의 모발이 건강하게 자리 잡고 있고 모발에서는 윤기가 흐른다.

### (2) 건성 두피

건성 두피는 유·수분의 밸런스가 깨져 피지선의 기능이 저하된 상태로 산성 피지막이 없어져 외부의 자극으로부터 민감하게 반응한다.

건조하고 군데군데 각질비듬이 보이며 모공이 막혀 쉽게 염증이 생긴다. 두피가 가렵기 시작하면서 따갑기도 하다.

### (3) 지성 두피

지성 두피는 표면에 과다한 피지로 인해 투명감이 없이 둔탁해 보인다. 세정이 잘 이루어지지 않았을 경우, 모공 주위가 피지로 막혀 뿌옇게 보인다. 비듬이 많이 관찰되며 가려움증을 동반하거나 피지분비 과다로 지루성 염증이 생기기도 한다.

### (4) 민감성 두피

정상 두피가 맑고 깨끗한 청백색을 띠는데 반해 붉은 색을 띠며 두피 표면에 홍반 및 염증 또는 가느다란 실핏줄들을 육안으로 확인할 수 있다. 모발은 매우 가늘어져 있는 상태이고, 모세혈관이 확장되어 있어서 외부의 약한 자극에도 따갑거나 발열현상이 나타나 민감하게 반응한다. 심한 경우, 세균감염으로 인해 염증이 발생하기도 하고, 지루성 두피로 발전하기도 한다.

### (5) 지루성 두피

피지선의 기능이 왕성하여 피지의 분비가 많아지고 그 결과 염증과 찐득한 비듬이 자주 생기는 것이 특징이다. 외관상 민감성 두피와 지성 두피의 혼합형이라고 생각하면 된다.

### (6) 비듬성 두피

비듬성 두피는 비듬균(Pityrosporum ovale)의 과다 증식으로 두피의 노화 각질이 탈락하는 두피를 만한다. 일반적으로 건조하여 보슬보슬한 비듬을 건성 비듬, 끈적거리며 무게감이 있는 비듬을 지성비듬이라고 하며, 전자는 각질이 많고, 후자는 피지분이 많은 비듬이다.

## 2) 두피 유형별 원인과 관리법

건강한 두피는 정상적인 색, 부드러운 탄력성과 외부로부터의 자극에도 저항성을 가지고 있어 두피의 생리작용이 활발하다. 피부의 유형이 사람마다 다르듯이 두피의 특성 또한 개인마다 다르므로 두피 유형별 특징과 발생원인을 파악하고 그에 따른 올바른 관리를 해야 한다.

〈 표 9-4 〉 두피 유형별 원인과 관리법

| 유형 | 특징 및 발생원인 | 관리법 |
|---|---|---|
| 정상 두피 | • 유전적 요인<br>• 올바른 생활습관과 샴푸 | • 현재의 상태를 유지하되 수분과 영양공급 |
| 건성두피 | • 잦은 퍼머넌트와 염색시술<br>• 냉·난방에 의한 건조한 실내<br>• 탈지력이 강한 샴푸사용<br>• 피지분비 기능저하 | • 각질제거와 막힌 모공세척<br>• 혈행 촉진에 중점<br>• 중성 샴푸사용과 찬바람 건조<br>• 적절한 유·수분 공급 |
| 지성두피 | • 남성 호르몬 과다작용<br>• 자극적인 음식과 스트레스<br>• 과도한 스타일링 제품사용<br>• 청결하지 않은 두피관리 | • 두피청결과 피지조절 중점<br>• 두피자극 최소화<br>• 스타일링 제품자제<br>• 지성용 샴푸로 모공청소 |
| 민감성두피 | • 스트레스와 피로<br>• 선천적인 요인<br>• 건성두피 방치<br>• 잦은 퍼머넌트와 화학적 시술<br>• 자극이 강한 제품사용<br>• 생리전후, 출산 후 | • 스트레스 환경개선<br>• 두피자극 최소화<br>• 두피마사지(후두부 마사지)<br>• 화학적 시술 최소화<br>• 스타일링 제품사용 최소화<br>• 저자극 천연샴푸 사용 |

| | | |
|---|---|---|
| 지루성두피 | • 과도한 스트레스<br>• 잦은 화학적 시술<br>• 과도한 피지분비 | • 스트레스 환경개선<br>• 화학적 시술 최소화<br>• 두피의 자극 최소화<br>• 스타일링 제품사용 최소화<br>• 매일 샴푸로 청결유지 |
| 비듬성두피 | • 비듬균과 유전적 요인<br>• 호르몬의 불균형<br>• 불규칙한 생활<br>• 잘못된 식습관<br>• 피지선의 과다분비<br>• 샴푸 후 젖은 상태유지 | • 전문의 상담과 진료<br>• 건성 비듬/지성비듬 파악<br>• 스트레스 환경 개선<br>• 음식조절과 식습관 개선<br>• 불규칙한 생활개선<br>• 샴푸 후 완전건조<br>• 샴푸 전 브러싱 |

## 3. 스캘프 매니플레이션

얼굴에 마사지 하듯 두피도 마사지로 죽은 각질 세포의 제거를 돕고, 세포분열을 자극하여 줌으로써 건강한 두피를 관리한다. 두피 마사지는 근육의 긴장을 풀기 위해 정돈되고 부드러운 리듬으로 작용한다. 이는 단지 두피에만 영향을 끼치는 것이 아니라 심리적인 긴장의 완화를 도와주며 스트레스를 풀어주는데도 아주 효과적이다. 두피를 마사지하기에 앞서 뒷목과 목 스트레칭을 하여 두피 마사지의 효과를 더욱 증가시킬 수 있다.

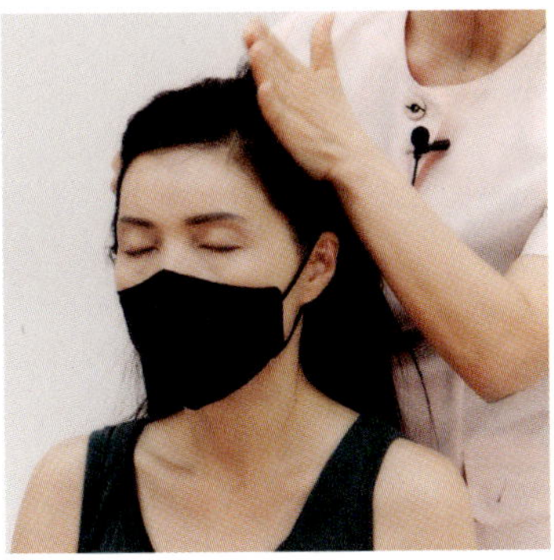

① 지그 재그 마사지 : 한 손으로 머리 고정하고 다른 한 손의 손 끔치를 이용하여 힘의 배분을 지그재그로 백회혈을 살짝 눌러준다.(2회 정도)

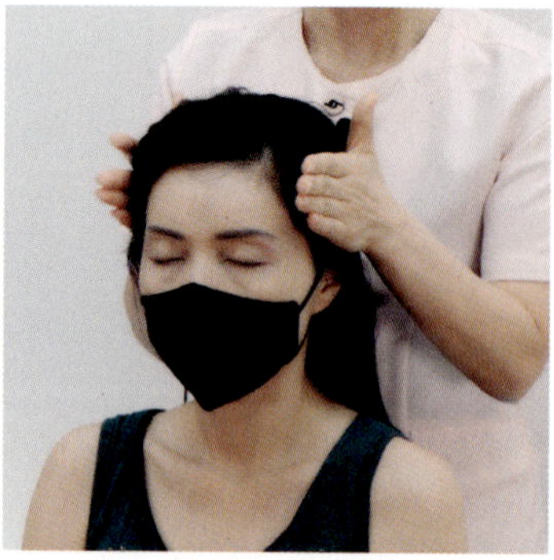

② 손 전체로 비비기 : 손바닥이 두피에 닿게 해서 두피가 움직이도록 비벼 준다.

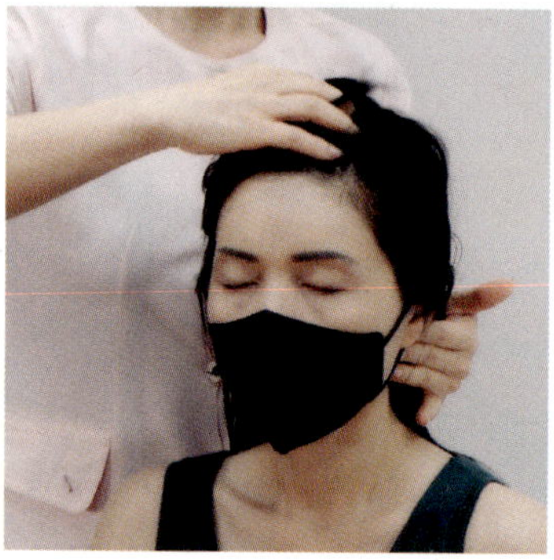

③ 파상운동 : 한손으로 머리 지탱하고 다른 한 손의 손가락 지문 면을 이용해 앞쪽 헤어 라인에서 네이프 라인까지 가볍게 두피를 움직여 준다.

④ 튕기기 : 손가락 지문 면으로 가볍게 잡았다가 재빨리 튕긴다.

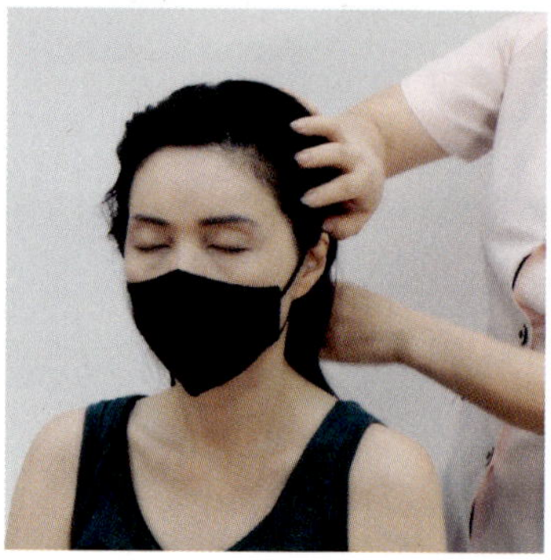

⑤ 쓰다듬기 : 손을 갈고리 모양을 만들고 손가락 지문 면을 이용해서 빗질한다.

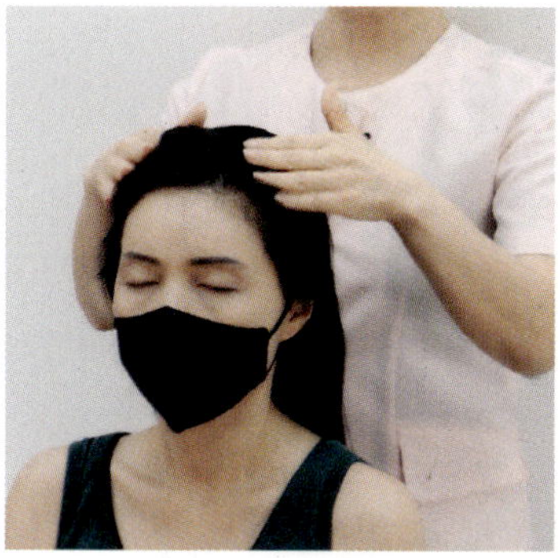

⑥ 테블라 기법 : 피아노 치듯이 손가락을 쭉 편 뒤 가볍게 통통 튕긴다.

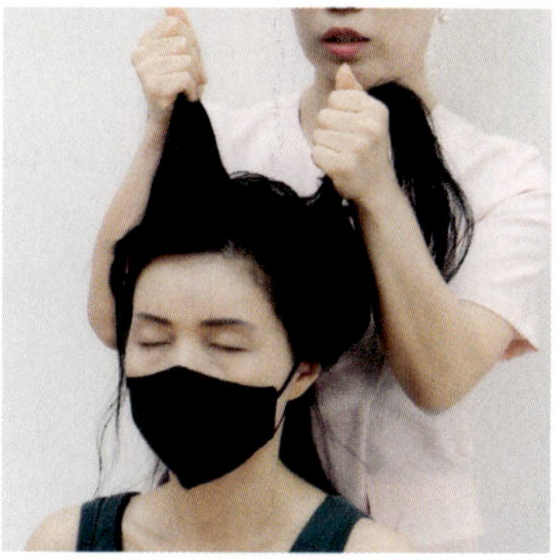

⑦ 머리 모아서 당기기 : 머리카락을 살짝 모아서 두피에서 직각이 되게끔 왼손, 오른손을 번갈아 가면서 당긴다.

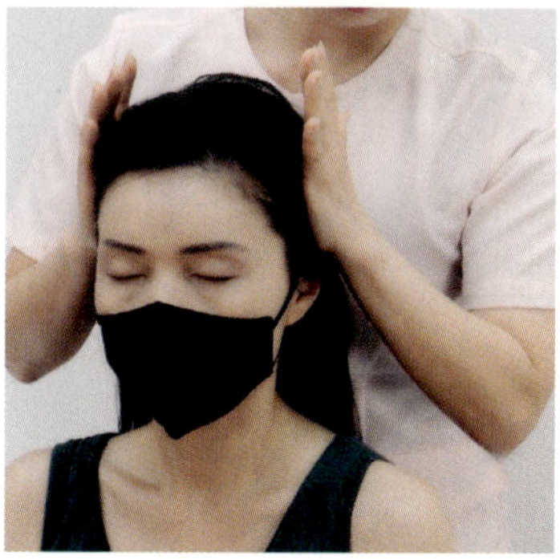

⑧ 짜듯이 잡고 올리기 : 손 꿈치로 귀 윗부분 살짝 들어간 부위에 두고 압력 가한 뒤 살짝 올려 3초 정도 정지한 뒤 힘을 뺀다.

⑨ 관자놀이 둥글리기 : 손바닥을 이용해서 둥글게 누르듯이 둥글려 준다.

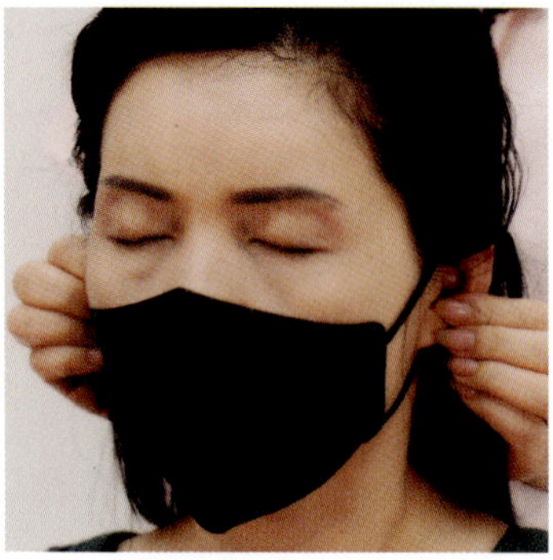

⑩ 귀마사지 : 귀 밑부터 귀바퀴를 따라 살짝 당겨주고 반으로 접기도 하고 앞으로 살짝 눌러 주기도 한다.

CHAPTER **09**

# 헤어 컬러링

**학습 목표**

모발 염색과 탈색의 원리를 이해하고, 모발에 따른 올바른 염색제 선택과 염색 및 탈색 시술을 학습한다.

## 1. 염색 이론 및 방법

### 1) 모발 염색의 이해

염색(Hair Coloring)은 모발에 인공적으로 색을 입히는 것을 말하며 단지 모발 색을 밝게 변화시키는 탈색과는 달리 자연 모발(Virgin Hair), 염색 모발(Coloring Hair) 및 탈색처리 된 모발(Bleach Hair)에 다양한 색상을 착색시킬 수 있는 것을 말한다.

모발 염색을 표현하는 단어로는 헤어 컬러링(Hair Coloring), 헤어 다이(Hair Dye), 헤어 틴트(Hair Tint)가 있는데 헤어 다이는 '착색'의 의미를, 헤어틴트는 '색조를 만들다'라는 의미를 갖고있다.

#### (1) 패치 테스트(Patch Test)

모발 염색이나 탈색의 사전 단계로 피부 알레르기 반응 검사이다. 귀 뒤나 팔꿈치 안쪽에 모발에 실제 적용할 염색약을 조제 하여 도포 한 다음 24~48시간 후 알레르기 유·무를 살펴보는 피부 첩포 테스트이다. 특히 페라페닐디아민이 함유된 염모제는 반드시 패치 테스트를 해야 한다.

알레르기 반응은 몸 상태에 따라 수시로 나타나므로 같은 제품이라 할지라도 염색 시마다 패치 테스트를 하여야 한다.

#### (2) 스트랜드 테스트(Strand Test)

같은 염모제라 하더라도 사람의 모발마다 다르게 표현된다. 따라서 모발에 실제 적용할 염모제를 조제 하여 염모제의 사용 설명서에 명시된 프로세싱 타임 후, (도포 후, 30~40분 경과) 원하는 색상이 자기 모발에 어떻게 나타나는지와 원하는 색상이 나타나는 염모제의 작용 시간을 확인하기 위해 미리 해보는 테스트이다. 또한 스트랜드 테스트는 모발의 상태를 미리 알아 리 컨디셔닝(Re-conditioning)을 실시할 수 있고, 퍼머넌트 웨이브나 염색, 탈색 등으로 모발이 단모나 변색 될 우려가 있는지도 알 수 있다.

## 2) 염모제의 분류 및 특성

염모제는 성분에 따라 식물성 염모제와 금속성 염모제, 유기합성 염모제로 분류하고 지속 기간에 따른 염색의 분류는 일시적 염모제, 반영구적 염모제, 영구적 염모제로 나뉜다.

〈 표 9-1 〉 염모제 성분에 따른 분류

| 성분 | 분 류 |
|---|---|
| 식물성 염모제 | • 식물성 염료의 대표 식물은 헤나로 잎에 함유된 로소니아 성분 때문에 붉은색이 도는 갈색으로 염색<br>• 독성이 없어 옷이나 기타 알레르기, 피부질환에 안전하고 모발 손상이 없음 |
| 금속성 (광물성) 염모제 | • 유황과 금속이 반응하여 모발에 금속의 피막이 형성<br>• 둔탁한 색상과 금속의 독성이 강해 웨이브가 잘 나오지 않음<br>• 현재는 거의 사용하지 않음 |
| 유기합성 염모제 | • 합성 염모제는 그 성질에 따라 산성 염료, 염기성 염료 및 산화 염료로 분류<br>• 시스틴의 결합 상태를 변화시키는 일이 없으므로 모발 손상이 적음<br>• 액상 타입과 크림타입이 있으며 색상도 다양함<br>• 염색 시 즉석에서 1액과 2액은 1:1의 비율로 혼합 |

머리 염색 후 침투 정도에 따라 지속 기간이 달라진다. 이에 따른 염색 분류의 기준은 모발 색소의 화학적 합성과 분자의 크기 또는 무게에 따라 모발에 얼마만큼의 흡수력과 잔존력을 갖느냐에 따라 분류된다.

〈 표 9-2 〉 지속기간에 따른 염색의 분류

| | 일시적 염모제 | 반영구적 염모제 | 영구적 염모제 |
|---|---|---|---|
| 지속 기간 | • 일시적이며 1회의 샴푸로 지워짐 | • 2~6주 정도 지속 샴푸횟수가 잦을수록 지속 기간이 짧음 | • 영구적으로 염색의 색상이 오랫동안 지속 |
| 용도 | • 부분적 멋 내기용 | • 백모 커버용 | • 백모 커버, 염색 및 색조 변화 |
| 단점 | • 지속력이 짧고 땀 또는 수분으로 지워짐 | • 어두운 모발을 밝고 선명한 색으로 염색하기 어려움 | • 알레르기 반응을 일으킬 수 있고, 모발 손상 심함 |
| 장점 | • 모발 손상이 없음<br>• 사용 방법이 간편하며 색상 변화가 쉬움 | • 모발에 윤기를 주고 다공성 모발의 손상된 부분을 일정 기간 메울 수 있음 | • 탈색 및 착색의 효과<br>• 어둡거나 밝은 염색, 색조 변화 등 다양한 컬러 표현 |

### 3) 염색의 시술 방법

#### (1) 일시적 염모제

일시적 염모제는 컬러 린스, 컬러 크림, 컬러 파우더, 컬러 스프레이 등이나 크레용 타입으로 모발의 표면에만 착색된다.

#### (2) 반영구적 염모제

반영구적 염모제는 코팅 컬러 또는 헤어 매니큐어라고 부른다. 시술용 장갑을 착용하고 고객의 의복에 제품이 묻지 않도록 다이 케이프(Dye Cape)를 두른다.

산성 컬러로 피부에 닿으면 착색이 되므로 두피에서 1~2㎜ 떨어져 도포 한다. 스티머를 10~15분(프로세싱 타임) 후에 냉타월 찜질하면 효과적이다.

#### (3) 영구적 염모제

모피질에 염모제를 침투시키는 것으로, 영구적인 염모제 사용 시에는 패치 테스트로 알레르기 유·무를 체크 하여 음성일 경우에만 염색 시술한다. 염모제는 즉석에서 혼합하여 도포 하며, 염색의 소요 시간은 자연 방치에서 손상모 15~20분, 정상모 20~30분, 발수성모 35~40분이다.

모발은 4등분 하여 각 등분에서 염색제를 도포 할 때는 1㎝ 넓이로 작게 슬라이스하여 도포하고, 산성 샴푸를 사용하여 알칼리 성분을 중화시킨다. 퍼머넌트와 염색을 할 때는 퍼머넌트를 먼저 하고 1주일이나 10일 후에 염색하면 모발의 손상을 최소화 할 수 있다.

〈 표 9-3 〉 염색 도포 기법

| 종 류 | 특 징 |
|---|---|
| 버진 헤어<br>(Virgin Hair) | • 모발의 중간 부위를 먼저 도포하고 10~15분 후에 두피와 모발끝을 순서대로 도포 |
| 뿌리염색<br>(Dye Touch Up) | • 염색 후 새로 자라난 모발에만 하는 염색<br>• 기존의 모발 색과 같은 색상이 되도록 염색 |

| 원 터치 (One Touch) | • 두피 쪽 버진 헤어부터 모발 끝까지 한 번에 바름<br>• 모발 길이가 2㎝ 이하 이거나 백모 염색 시 좋음 |
|---|---|
| 투 터치 (Two Touch) | • 두피 쪽에서 2㎝가량 띄워서 염색약을 바르고 일정 시간이 지나면 나머지 모발에 도포<br>• 모발 길이 2~20㎝인 경우 염색 시 좋음 |

## 2. 탈색 이론 및 방법

### 1) 모발 탈색의 이해

탈색(블리치, Bleach)이란 모피질 속에 함유된 멜라닌 색소를 분해해 색소를 엷게 하는 것이다. 탈색은 영구적 염색의 원리와 같으나 색소의 산화 과정이 없다.

모발의 모피질 속에 있는 색소는 알칼리, 산 또는 산화제, 환원제 등의 약품에 의해 색을 잃는 성질을 가지고 있다. 알칼리제에 의해 모표피가 열리고 모피질 내로 들어간 과산화수소로부터 발생 된 산소가 유색의 멜라닌 색소를 산화시키면서 모발의 탈색이 진행된다.

### 2) 탈색제의 성분과 작용

탈색제는 1제 알칼리제에 의해 모발을 팽윤, 연화시켜 모피질 속으로 약제가 침투시킬 준비를 하고 2제인 과산화수소에 의해 산화작용을 하여 멜라닌 색소가 분해된다. 유멜라닌은 입자형 색소로, 분자가 크고 모피질 내에 뭉쳐있으므로 탈색 시 산화가 일어나기 쉽지만, 페오멜라닌은 작고 흩어져 있어 유멜라닌에 비해 산화되기까지의 시간이 오래 걸린다. 탈색의 과정에서 모발의 색은 갈색에서 붉은 오렌지색, 금발의 순으로 변화된다.

〈 표 9-4 〉 탈색제의 성분과 작용

| 분류 | 주성분 | 작용 |
|---|---|---|
| 1제 알칼리제 | 과황산나트륨, 과황산칼슘, 과황산암모늄, 암모니아, 모노에탄올아민 | • 모피질에 산화제가 침투하는 것을 도움<br>• 산화제의 분화를 촉진하여 산소의 발생을 도움<br>• pH를 조절하며 모발을 손상함 |

| 2제<br>산화제 | 과산화수소 | • 멜라닌을 분해하여 모발의 색을 더욱 밝게 함<br>• 모발 케라틴을 약화함<br>• 암모니아에 의해 더 빨리 산소 발생 |
|---|---|---|

산화제로 사용되는 과산화수소의 농도를 우리나라와 일본이나 영국에서는 %로 표기하고 미국에서는 볼륨으로 표기한다. 볼륨은 기체를 측정하는 단위이며 각 농도의 과산화수소로부터 발생 되는 산소의 양을 측정한 것이다.

산화제의 농도에 따라 산화력의 크기가 변화하며 모발 염색과 탈색 시에 사용되는 과산화수소의 농도는 6%를 사용한다.

〈 표 9-5 〉 과산화수소의 농도별 적용 범위

| 농 도 | 적 용 범 위 |
|---|---|
| 3%(10 vol) | • 탈색력이 약하고 어두운 컬러 착색 용이 |
| 6%(20 vol) | • 일반적으로 많이 사용<br>• 흰머리 커버용, 멋내기용 |
| 9%(30 vol) | • 우수한 탈색 작용으로 어둡게 하는 염색 시에는 커버력 저하 |
| 12%(40 vol) | • 강한 탈색 작용으로 1제의 색소 발색력이 없어지므로 착색 불가능 |
| 15%(50 vol) | • 완전 탈색 작용<br>• 흑발에만 사용하나 18%와 함께 모발 사용을 금함 |

### 3) 탈색제 제품 형태의 특징

탈색제는 성분은 유사하나 제품 형태에 따라 나누며 오일 타입, 크림 타입, 분말 타입으로 갈수록 탈색력은 강해진다.

〈 표 9-6 〉 탈색제 제품 타입별 특징

| 종 류 | 특 징 |
|---|---|
| 오일<br>타입 | • 액체 타입으로 탈색 작용이 빠르고 탈색의 진행 정도를 쉽게 파악<br>• 뉴트럴 오일 베이스와 컬러 오일 베이스 타입<br>• 뉴트럴 오일 베이스 : 헤어 틴트 시술 전 모발 연화용으로 주로 사용<br>• 컬러 오일 베이스 : 패치 테스트 없이 사용할 수 있으며, 블리치와 일시적 착색 효과 |

| | |
|---|---|
| 크림 타입 | • 주로 튜브에 들어 있으며 풀 모양이라 호상 탈색제라 함<br>• 라놀린이 첨가되어서 분말 타입보다 컨디션 효과 우수<br>• 1번의 샴푸로 제거하기 어려움<br>• 모발의 탈색 진행 정도를 육안을 쉽게 판단하기 어려움<br>• 경모나 모발 색상을 밝게 하려고 할 때는 시간이 많이 소요 됨 |
| 분말 타입 | • 약 작용이 빠르고 신속하지만, 탈색 반응이 강함<br>• 두피나 모발의 손상도도 큼<br>• 전체 탈색보다 부분 탈색이나 블리치에 효과적 |

### 4) 탈색의 시술 방법

탈색 시술 전에는 반드시 패치 테스트를 하며 두피에 상처나 질환이 있는 경우는 시술하지 않는다. 또한 탈색 전에는 두피를 보호하기 위해서 샴푸도 하지 않는 것이 좋으며, 샴푸를 꼭 해야 할 경우는 탈지력이 강하지 않은 샴푸제를 사용한다.

#### (1) 버진 헤어의 탈색

화학적인 시술이 처음인 모발 또는 오래전 시술했었더라도 잘리거나 완전히 빠져나가서 염색 부분을 찾아볼 수 없는 모발을 의미한다.

탈색제와 산화제의 혼합은 시술 바로 직전에 조제 하여 모발의 4등분 된 섹션 중에 뒤 2등분을 먼저 도포하고 앞부분을 도포한다. 모근에서 2.5㎝ 떨어진 곳에서부터 도포하고, 1차 도포된 부분의 발색이 시작되면 남겨둔 부분을 2차 도포한다. 도포 할 때 탈색제가 모발에 충분히 도포될 수 있도록 스트랜드의 위아래를 모두 발라주어 색상이 얼룩지지 않도록 방치 시간을 오래 끌지 않는 것이 좋다. 약제 도포가 끝나면 비닐 캡을 씌우고 대략 30분 전후의 프로세싱 타임을 설정한 후 최초로 도포된 부분의 스트랜드에 컬러 테스트를 시행한다. 원하는 만큼 탈색이 되었으면 탈색제를 깨끗이 씻어내고 산성 린싱 또는 크림 린싱(Cream Rinsing) 한다.

#### (2) 탈색 리터치(Bleach Retouch)

탈색 후 새로 자란 모발에 대한 탈색으로 기존의 탈색모와 색상의 차이를 없애기 위해 탈색을 적용하는 것을 말한다. 모근 주위의 새롭게 자라난 모발만을 탈색하는 것이기 때

문에 시술 시 그 부위 외 부분에 약제가 흘러내려 얼룩이 생기지 않도록 주의한다.

기존의 탈색된 모발과 같은 탈색제를 조제 하여 새로 자란 모발에 약제를 도포하고 컬러 테스트하여 색상이 완성되면 샴푸와 린싱을 행한다.

### (3) 탈염(다이 리무브, Dye Remove)

염색한 모발에서 색상을 제거 시키는 것으로 진하게 염색된 모발의 색을 옅게 만들기 위한 목적으로 시술한다. 탈염은 탈색보다 모발 손상이 적은만큼 탈색력은 떨어진다.

〈 표 9-7 〉 염모제와 탈색제의 비교

| | 반영구 염모제 | 영구 염모제 | 탈색제 |
|---|---|---|---|
| 염료 | 타르계 염료 | 디아민계 염료 | 염료 없음 |
| pH | 2~3 | 8~9 | 9.5 |
| 장점 | 선명한 색상 표현 가능 | 명도와 색상 표현 | 모발을 밝게 함 |
| 탈색력 | 없음 | 높거나 낮음까지 가능 | 높음 |
| 손상 | 없음 | 있음 | 큼 |
| 멜라닌 | 멜라닌 색소 유지 | 멜라닌 색소 파괴 | 멜라닌 색소 파괴 |
| 작용 | 모발의 표면부 염착 | 모피질 내 염착 | 모피질 내 탈색 |

CHAPTER **10**

# 피부과학

**학습 목표**

피부미용의 개념과 역사를 익히고 피부의 구조와 생리 기능을 통해, 피부미용의 개념을 이해할 수 있다.

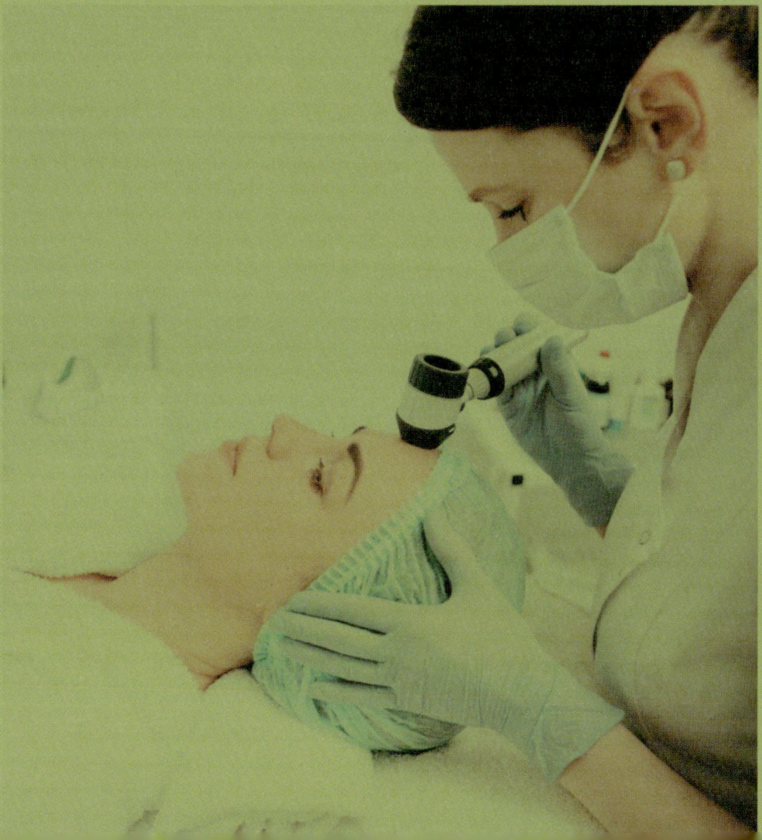

## 1. 피부미용의 개념

### 1) 피부미용의 용어

피부미용의 용어는 코스메틱(Cosmetic), 에스테틱(Aesthetic), 스킨케어 (Skincare)로 통용되고 있다.

코스메틱의 어원은 코스메틱코스(Kosmetikos, 화장)라는 뜻을 가지고 있으며, 화장품을 이용하여 피부관리하는 것을 말한다. 에스테틱(Esthetique)의 어원은 예술적, 심미적, 미적 감각이 있는 뜻을 말하고, 스킨케어는 과학적 지식을 기반으로하는 피부관리를 말한다.

### 2) 국가별 피부미용의 용어

국가별 통용되는 피부미용의 용어로는 독일은 Kosmetik, 프랑스는 Esthetique, 영국은 Cosmetic, 미국은 Skin care(Aesthetic)을 사용하고 있으며, 한국은 피부미용(皮膚美容)이라고 한다.

### 3) 피부미용의 정의

피부미용은 피부의 생리 기능을 자극하여, 피부과학 및 화장품 과학적 지식을 바탕으로 하는 일련의 작업으로 의료기기나 의약품을 사용하지 아니하는 피부상태분석, 피부관리, 제모, 눈썹손질을 행하는 것이다.

고도의 기술을 습득한 전문 피부미용사의 손과 화장품, 뷰티디바이스를 이용하여 관리하는 행위를 말한다.

## 2. 피부 미용의 역사

### 1) 한국의 역사

#### (1) 고조선

단군신화 곰과 호랑이의 신화에서 100일 동안 쑥과 마늘을 먹고 빛을 보지 않으면 사람이 된다는 것에서 알 수 있듯이 미백에 대한 열망이 있었다.

#### (2) 삼국시대

고구려는 고분 벽화 쌍영총 벽화에서 여인의 뺨과 입술에 연지를 사용한 기록으로 알 수 있듯이 색조 화장을 하였다.

백제는 분은 바르되 연지를 사용하지 않는 은은한 화장을 사용했으며, 일본인들에게 화장품 제조기술에 영향을 줄 정도로 수준이 높았다.

신라 시대에는 백분 화장품이 제조되었으며 목욕 문화 및 향 문화가 발달 되었다.

#### (3) 고려시대

신분에 따라 여염집(비분대화장)화장법과, 기생(분대화장)화장법이 나뉘었다.

#### (4) 조선시대

유교적 관념이 강하여 내면의 미와 외면의 미가 동일하게 적용되었다.

#### (5) 개화기

서구화장품이 도입되는 시기로 한국 최초로 제조화장품 박가분(1922년)이 출시되었다. 기생과 신여성을 중심으로 신식화장이 유행하였으며 일반여성과의 화장법이 구분되었다.

#### (6) 현대

1960년대 경제 발전이 이뤄지면서 화장품 개발 활성화로 1980년대에 피부미용이 도입이 되어 YMCA에서 피부미용 수업이 진행되었다. 중반에 이르러 피부미용 전문화장품이 수입되기 시작하고, 에스테틱이라는 전문 피부미용이 성행하였다.

## 2) 서양의 역사

### (1) 이집트

이집트는 고대 미용의 발상지로 종교의식, 장식, 보호를 위한 목적으로 미용이 발달 하여 머드와 우유를 이용한 목욕을 즐겨 하였다.

### (2) 그리스

그리스는 여성의 지위 하락으로 꾸미는 것보다 자연미가 중요 시 되었으나, 남성은 목욕 및 마사지를 즐겨 하였다.

### (3) 로마

로마는 공중목욕탕이 발달하였으며, 올리브 오일을 사용하여 목욕하였다. 흰 피부 선호하여 백분 사용으로 피부 건강의 문제가 있었다.

### (4) 중세

기독교의 봉건으로 여성의 메이크업 및 목욕을 제한하였으며, 십자군 전쟁 후 새로운 문물 유입으로 치장이 유행하였다.

### (5) 르네상스

르네상스 시대에는 남녀가 피부화장을 위한 분을 사용하였으며, 염색 및 가발을 사용하는 치장을 하였다.

### (6) 근대

산업화의 발달과 위생의 중요성으로 비누가 보급되었으며, 자연주의 사상으로 내츄럴 메이크업이 성행하였다.

## 3. 피부와 피부 부속기관

### 1) 피부의 개념

신체의 표면을 덮고 있는 조직으로 표피, 진피, 피하지방층으로 이뤄지며 부속기관으로는 한선, 피지선, 모발, 손톱, 발톱 등이 있다. 피부의 표면적은 1.6~1.8㎡이고, 피부 두께는 1.5~4mm이며, 체중의 16%을 차지하는 것으로 인체에서 가장 많은 부분을 차지하는 기관이다.

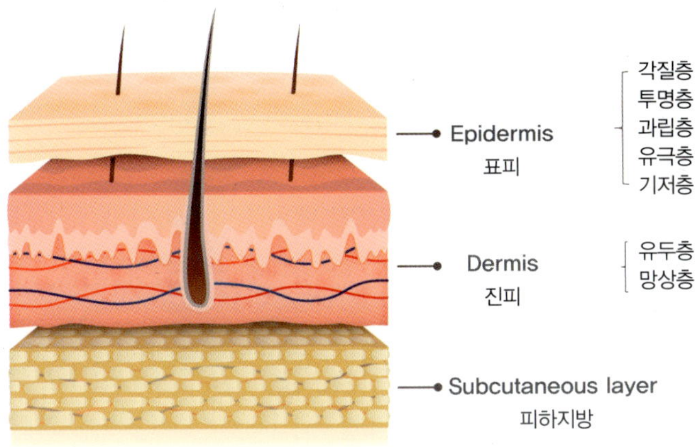


〈 그림 10-1 〉 피부의 구조 및 명칭

### 2) 피부의 구조

〈 표 10-1 〉 피부층의 구조

| 층 | 구 조 | 특 징 |
|---|---|---|
| 표피<br>0.4~1.6mm | 각질층 | • 약 14~20개 층상구조<br>• 무핵, 죽은 세포<br>• 수분함유 : 15-30%<br>• 주성분 : 케라틴(58%), 지질(11%), 천연보습인자(31%) |
| | 투명층 | • 2~3층의 편평세포, 무핵<br>• 엘라이딘 존재<br>• 자외선 난반사, 수분증발 및 침투 억제 |

<table>
<tr><td rowspan="3"></td><td>과립층</td><td>• 케라토히알린 함유 – 각질화 1단계<br>• 수분증발 저지막(Rain membrane, Barrier zone)<br>• 각질층의 지방세포 (각질세포간지질) 생성<br>• 수분함유 : 30%</td></tr>
<tr><td>유극층(가시층)</td><td>• 표피 중 가장 두꺼운 층<br>• 수분함유 : 70%<br>• 세포간교(Desmospme) 형성<br>• 랑게르한스세포 존재 : 면역역할</td></tr>
<tr><td>기저층</td><td>• 진피의 유두층에서 영양공급<br>• 유핵의 세포분열 활발(각질형성세포, 색소형성세포, 머켈세포)<br>• 수분함유 : 70%<br>• 케라티노사이트 : 멜라노사이트 존재(비율 4:1~10:1)</td></tr>
<tr><td rowspan="2">진피<br>1.0~3.0mm</td><td>유두층</td><td>• 진피의 10~20% 차지<br>• 모세혈관, 림프관 신경종에 다량 분포</td></tr>
<tr><td>망상층</td><td>• 진피의 90% 차지<br>• 콜라겐(교원섬유), 엘라스틴(탄력섬유), 기질(무코다당류) 존재<br>• 혈관, 피지선, 감각신경, 한선 분포<br>• 섬유아세포, 비만세포, 대식세포 존재</td></tr>
<tr><td colspan="2">피하지방층</td><td>• 여성호르몬(Estrogen )상관성<br>• 완충작용, 절연작용<br>• 불규칙한 분포</td></tr>
</table>

## 3) 피부의 생리 기능

### (1) 보호작용

- 물리적 힘에 대한 보호작용(ex : 굳은살)
- 화학물질에 대한 보호작용(ex : 피부의 pH )
- 세균침입에 대한 보호작용(ex : 랑게르한스 세포)
- 광선에 대한 보호작용(ex : 엘라이딘, 멜라노사이트)

### (2) 체온조절작용

외부 및 체내의 온도 변화에 자율신경 메커니즘을 통하여 모공과 한공이 수축 및 확장으로 발한작용을하여 체온 조절을 한다.

### (3) 분비, 배설작용

피부는 한선에서 땀을 배출하고, 피지선에서 피지를 배출하는데, 땀과 피지가 피부의 피지막을 형성하여 수분 증발 억제 및 박테리아 성장 억제하는 보호 작용과 배설 작용을 한다.

### (4) 감각, 지각 작용

진피에 일반 감각기관의 말단 수용기가 분포하는데 피부면적1㎤에 촉각점 25개, 온각점 1~2개, 압각점 6~8개, 냉각점 12개, 통각점 100~200개가 존재하여 감각 및 지지작용을 할 수 있다.

### (5) 흡수작용

모낭, 피지선, 한선을 통해 진피까지 도달하는 일련의 과정을 경피흡수라고 하며 이때, 흡수되는 물질은 지용성이며, 흡수를 촉진하는 방법으로는 밀봉, 발열, 전기전달, 리포좀을 통한 흡수 방법이 있다.

### (6) 비타민 D 합성

피부는 자외선에 의해 비타민 D를 합성하는데 비타민 D는 칼슘의 흡수 촉진, 인의 대사에 관여하는 뼈의 발육에 중요한 비타민이다.

## 4) 피부의 부속기관

〈 표 10-2 〉 피부의 부속기관

| 기 관 | 특 징 | 기 타 |
| --- | --- | --- |
| 한선 | • 기능 : 신장의 기능 보조, 체온조절, 피부의 약산성 유지<br>• 구성 : 수분99%, Na,Cl, K, 요소, 단백질, 지질, 아미노산<br>• 분비량 : 700cc~ 900cc / 일<br>• 구조 : 소한선, 대한선 | • 소한선 : 에크린선<br>- 체온유지, 노폐물배출<br>- 입술, 생식기 제외 전신 분포<br>- 무색, 무취, 약산성 액체 분비<br>• 대한선 : 아포크린선<br>- 모공과 연결, 유백색<br>- 액와, 유륜, 배꼽, 생식기, 항문 등 분포<br>- 표피에 배출 후 세균에 의해 분해(액취증) |

| | | |
|---|---|---|
| 피지선 | • 위치 : 진피의 망상층<br>• 분비량 : 1~2g / 일<br>• 분포 : 손바닥 발바닥 제외 전신 분포 (얼굴부분에 많이 분포)<br>• 기능 : 피부와 모발에 광택을 부여, 수분증발억제, 살균작용, 유화작용, 테스토스테론의 영향(테스토스테론 분비 → 디하이드로테스토스테론 → 피지선 자극 → 피지 분비)<br>• 피지의 주요성분<br>– 트리글리세라이드 43%<br>– 왁스에스테르 25%<br>– 지방산 16%<br>– 스쿠알렌12% | • 독립피지선<br>– 모낭과 무관 직접 피부 표면 연결 존재.<br>– 입술, 눈가 부위. |
| 모발 | – 피부표면 보호<br>– 유해물질 침입 방지<br>– 체온유지<br>– 피지 및 노폐물 배출 | • 모간<br>– 모표피 〉 모피질 〉 모수질<br>• 모근<br>• 모낭<br>• 모구<br>• 모유두 |
| 조갑 | – 손가락, 발가락 보호<br>– 케라틴 단백질 구성<br>– 모발과 달리 생장주기 없음 | • 조체<br>• 조근<br>• 조기질<br>• 조상<br>• 자유연<br>• 조소피 |

# 4. 피부와 광선

## 1) 태양광선 개념

태양광선은 생명체에 필수적인 에너지 근원이며, 파장의 길이에 따라 X선 → 자외선 → 가시광선 → 적외선 → 라디오파장으로 나뉜다.

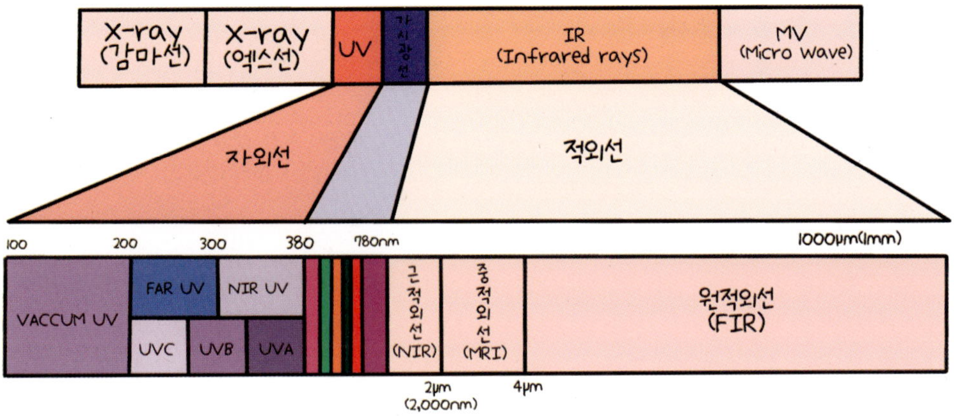


〈 그림 10-2 〉 태양광선의 구분

〈 표 10-3 〉 태양광선 파장의 길이

| 전자파 | 파장 (nm) |
|---|---|
| X선 | 0.01 ~ 10 |
| 자외선 | |
| UVA | 320 ~ 400 |
| UVB | 290 ~ 320 |
| UVC | 200 ~ 290 |
| 가시광선 | 400 ~ 770 |
| 적외선 | 770 ~ 2,200 |

## 2) 광선이 피부에 미치는 영향과 특징

〈 표 10-4 〉 광선의 특징

| 광선 | 특징 | 인체에 끼치는 영향 |
|---|---|---|
| 가시광선 | • 태양광선의 40%<br>• 400~770nm의 중파장 | 사물을 볼 수 있도록 하는 광선 |
| 적외선 | • 태양광선의 50%<br>• 770~2200nm의 장파장<br>• 발열작용의 열선 | 인체 근육층까지 도달<br>혈액순환 촉진. 신진대사 원활<br>근육이완, 영양성분 침투 용이 |
| 자외선 | • 생화학선<br>• 자외선의 양 4~8월 / 오전 10시~2시가장 강함. | 신진대사 촉진, 살균, 소독<br>노폐물 제거, 비타민D합성 |
| UVA | • 320~400nm<br>• 유리창 투과하는 생활자외선 | 즉각적 색소 침착유발 – 선탠<br>진피 상부 침투 – 콜라겐 엘라스틴 파괴 및 변형으로 광노화 유발 |
| UVB | • 290~320nm<br>• 파장이 짧지만 강도는 강함. | 세포 파괴 작용 – Sun burn유발<br>기저층의 색소형성세포를 자극하여 과색소 침착 유발(지연색소) |
| UVC | • 200~290nm<br>• 오존층 흡수<br>• 강력한 살균 작용 | 파장이 짧지만 강하여 표피에 조사하며 DNA 변형을 일으켜 피부암 초래 |

# 5. 피부와 영양

## 1) 영양의 개념

생명체가 음식물을 통해 영양소를 섭취하여 성장하고, 생명을 유지하기 위해 필요한 것을 영양이라고한다. 영양소의 인체의 작용은 신체의 구성성분으로 이뤄지며, 인체에 필요한 필수 에너지를 공급하고, 생리작용의 조절을 한다.

### (1) 영양소의 구분

① 에너지원 : 탄수화물, 단백질, 지방
② 구성소 : 단백질,무기질, 물, 지질, 지방
③ 조절소 : 비타민, 무기질, 물, 단백질, 지방

### (2) 필수 영양소

- 3대 영양소 : 탄수화물, 단백질, 지방
- 5대 영양소 : 탄수화물, 단백질, 지방, 무기질, 비타민
- 6대 영양소 : 탄수화물, 단백질, 지방, 무기질, 비타민, 물
- 7대 영양소 : 탄수화물, 단백질, 지방, 무기질, 비타민, 물, 섬유소

### (4) 3대 영양소의 특징과 종류

〈 표 10-5 〉 영양소의 특징

| 영 양 소 | 작 용 및 특 징 | 종 류 |
|---|---|---|
| 탄수화물 | • 열량 : 1g=4kcal<br>• 탄수화물은 포당의 형태로 혈액 중 함유<br>• 과잉섭취 : 지방 저장(간, 근육 글리코겐 형태 저장)<br>• 혈당유지<br>• 1일 50~100g 필수 섭취 | • 단당류 : 포도당, 과당, 갈락토오스<br>• 이당류 : 자당, 맥아당, 유당<br>• 다당류 : 전분, 글리코겐, 섬유소 |
| 단백질 | • 구성 : 탄소, 수소, 산소, 질소<br>• 열량 : 1g=4kcal<br>• 아미노산은 단백질의 최소단위<br>• 조직형성<br>• 효소, 호르몬 합성<br>• 체내의 수분 조절, 산. 염기 평형유지<br>• 1일 15% 섭취 필수 | • 필수아미노산 20종<br>이소류신, 류신, 리신, 메티오닌, 페닐알라닌, 트레오닌, 트립토판, 발린, 시스테인, 티로신, 아르기닌, 히스티딘, 글루타민, 글리신, 세린, 프롤린 |
| 지방 | • 구성 : 탄소, 수소, 산소<br>• 열량 : 1g=9kcal<br>• 에너지 공급과 저장<br>• 신체 구성성분<br>• 체온유지, 장기 보호<br>• 체내 중요 물질 합성 | • 단순지질<br>– 중성지방<br>• 복합지질<br>– 인지질, 당지질, 황지질, 지단백질<br>• 유도지질<br>– 지방산, 글리세롤, 콜레스테롤, 에르고스테롤 |

### (5) 무기질, 비타민 영양소의 특징과 종류

〈 표 10-6 〉 무기질 및 비타민의 특징

<table>
<tr><th>영양소</th><th>작용 및 특징</th><th>종류</th></tr>
<tr><td>무기질</td><td>• 탄소, 수소, 질소, 산소를 제외한 원소<br>• 체조직구성 : 뼈, 치아, 연조직<br>• 체내 대사작용 조절<br>• 효소작용의 조절<br>• 신경 흥분 전달<br>• 혈액응고</td><td>• 칼슘, 인, 철, 요오드, 나트륨, 셀레늄, 마그네슘</td></tr>
<tr><td rowspan="2">비타민</td><td rowspan="2">• 체내 생리 작용 조절<br>• 성장유지</td><td>• 지용성 비타민<br>비타민 A(레티노이드)<br>비타민 D(칼시페롤)<br>비타민 E(토코페롤)<br>비타민 K</td></tr>
<tr><td>• 수용성 비타민<br>비타민 C(아스코르빈산)<br>비타민 B군(티아민, 리보플라빈, 니아신, 판테놀, 피리독신)<br>비타민 H(비오틴)</td></tr>
</table>

CHAPTER **11**

# 화장품학

학습 목표

우리나라의 화장품의 법적인 사항과 유효한 성분을 알아, 목적에 알맞은 화장품을 선택하고 사용할 수 있다.

## 1. 화장품의 정의

### 1) 화장품의 정의

화장품이라 함은 인체를 청결, 미화하여 매력을 더하고 용모를 밝게 변화시키거나 피부, 모발의 건강을 유지 또는 증진하기 위하여 인체에 사용되는 물품으로서 인체에 대한 작용이 경미한 것을 말한다.(화장품 법 2조 1항에 의거)

### 2) 기능성 화장품의 정의

기능성 화장품은 화장품 중에서 약리학적 효능, 효과가 강조된 전문적인 기능을 갖는 것으로 식품의약품안전처에서 정하는 화장품을 말한다.

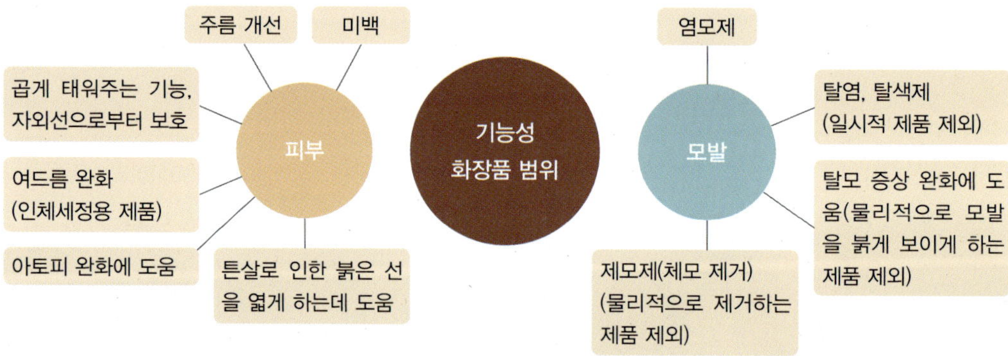


– 출처 : 식약처 홈페이지2022 –

〈 그림 11-1 〉 기능성 화장품의 범위

### 3) 화장품과 의약품의 구분

우리나라는 화장품을 식약처를 통하여 관리하며 특히나 의약품과 화장품은 확실히 구분한다.

〈 표 11-1 〉 화장품과 의약품의 구분

| | 화 장 품 | 의약품 외품 | 의 약 품 |
|---|---|---|---|
| 대상 | 정상인 | 정상인 | 환자 |
| 목적 | 청결, 미화 | 위생, 미화 | 진단 및 치료 |
| 기간 | 장기간 | 단기간/장기간 | 단기간 |
| 부작용 | 없어야함 | 없어야함 | 있을 수 있음 |

### 4) 화장품의 4대 요건

화장품이 반드시 갖추어야하는 4대 요건은 안전성, 안정성, 사용성, 유효성이다.

① 안전성 : 피부 사용했을 때 자극 및 독성 없이 안전해야한다.

② 안정성 : 화장품이 안정화되어 변질, 변색, 변취, 미생물의 오염이 없어야한다.

③ 사용성 : 피부에 사용했을 때 발림선, 흡수성 등의 사용감이 좋아야한다.

④ 유효성 : 피부에 적절한 보습, 안티에이징, 자외선 차단, 미백, 색채, 세정 작용 등의 효과, 효능이 좋아야한다.

## 2. 화장품의 분류

화장품은 기능적인 측면에 따라 분류가 되어 법으로 관리 감독 되어지고 있다.

〈 표 11-2 〉 화장품의 법적인 분류

| 분 류 | 기 능 | 주 요 제 품 |
|---|---|---|
| 기초화장품 | 세안, 피부정돈, 피부보호 | • 클렌징, 화장수, 에센스, 로션, 크림, 마스크, 팩 |
| 메이크업화장품 | 베이스 메이크업 | • 메이크업베이스, 파운데이션 |
| | 포인트 메이크업 | • 아이라이너, 마스카라, 아이섀도, 립스틱, 블러셔 |
| 모발화장품 | 두피, 모발 오염물 제거 | • 샴푸, 린스 |
| | 모발 형태 고정 | • 헤어오일, 크림, 로션, 포마드, 스프레이, 젤, 무스 |

| | | |
|---|---|---|
| | 모발의 손상 방지 및 회복 | • 헤어트리트먼트 크림, 헤어팩 |
| | 모발의 염색, 탈색, 탈염 | • 영구염모제, 반영구염모제, 일시염모제 |
| 전신관리화장품 | 몸에 부착된 이물질 제거 | • 비누, 바디샴푸, 바디솔트 |
| | 몸을 보호 | • 바디로션, 바디크림 |
| | 자외선으로부터 보호 | • 선탠오일, 선탠 리퀴드, 선탠젤 |
| | 액취방지, 체취제거 | • 데오드란트 |
| 네일화장품 | 네일보호, 색채 | • 각피제거제, 베이스코트, 네일에나멜, 에나멜 리무버, 탑코트 |
| 향수 | 향취부여 | • 퍼퓸, 오데퍼퓸, 오데두왈렛, 오데코롱, 샤워코롱 |

## 3. 화장품 성분

### 1) 화장품의 원료 및 작용

화장품의 원료로는 화장품의 유효성과 사용성을 증진하기 위해 수성원료, 유성원료와 보습제로 나뉘며, 안정성으로 방부제 산도조절제 및 점도 조절제가 있다.

화장품의 4대 요건에 부합되는 원료를 선정하고 작용되어져야 한다.

#### (1) 수성원료

① **물**(water, Aqua, Purified water, Deionized water)

물은 화장품의 기초 물질로 사용되며, 피부를 촉촉하게 하는 작용을 하며 화장품의 안전성과 안정성을 고려하여 비이온화 된 물(정제수)을 사용한다.

② **알코올, 에탄올**(Ethanol = Ethyl Alcohol)

화장품에 사용되는 알코올은 휘발되는 성질이 있어 피부에 청량감을 부여한다. 수렴·소독 효과로 지성 피부나 여드름성 피부에는 적합하나, 탈지·탈수 효과가 있어 건조 및 예민 피부가 될 수 있다.

### ③ 보습제

보습제는 피부의 수분 보유 능력을 높여주는 성분이다.

〈 표 11-3 〉 보습제의 종류 및 특징

| 보습제 | 종류 | 특징 |
|---|---|---|
| 다가알코올 (POLYOL) | 글리세롤(Glycerol) | • 분자 크기가 크므로 보습막을 형성<br>• 20% 이하 첨가 사용 |
| | 1.3부틸렌글리콜(1.3Buthyene Glycol) | • 사용성, 안정성 좋음 |
| | 솔비톨(Solbitol) | • 보습력이 뛰어나며 안전함<br>• 유화제, 흡습제로 사용<br>• 끈적임 |
| 천연 보습인자 (N.M.F) | 소듐피로리돈카르복실 액시드(Sodium P.C.A) | • 천연보습인자 |
| | 아미노산(Amino acid) | • 수분보유력이 우수<br>• 콜라겐보다 분자량이 작아 흡수 |
| 고분자 보습제 | 콜라겐(Collagen) | • 수분보유능력<br>• 결합능력 뛰어남 |
| | 히아루론산(Hyaluronic acid) | • 수분을 보유 능력 |

## (2) 유성원료

### ① 식물성 오일

식물의 잎이나, 열매에서 추출하며, 동물성 오일에 비해 흡수력이 떨어지나, 피부의 안전성이 높아 화장품의 4대 요건에 부합된다.

〈 표 11-4 〉 식물성 오일의 종류 및 특성

| 종 류 | 특 징 |
|---|---|
| 윗점오일 (Wheat germ oil) | • 밀배아 추출물<br>• 건성, 노화 피부 재생 효과(비타민E 함유) |
| 호호바오일 (Jojoba oil) | • 호호바 열매 압출하여 정제<br>• 인체 피지와 유사하여 피부친화성 좋음<br>• 피지분비조절, 보습, 상처회복으로 지성·여드름성 피부 사용 적합<br>• 산화되지 않아 보존 안정성 높음 |

| | |
|---|---|
| 아몬드오일<br>(Almond oil) | • 아몬드 핵에서 추출<br>• 피부 유연성과 진정 작용이 높음 |
| 올리브오일<br>(Olive oil) | • 올리브 열매를 냉동 압착하여 추출<br>• 식물성 오일 중에 흡수율이 높으며 썬탠오일로 사용 |
| 아보카도오일<br>(Avocado oil) | • 아보카도 열매에서 추출<br>• 피부 친화성과 퍼짐성이 좋음<br>• 비타민 A, $B_2$가 함유하여 콜라겐 증가 및 활성화 시켜 건성 노화 피부 사용 |
| 피마자유오일<br>(Castor oil) | • 아주까리 종자에서 추출<br>• 피부에 침투가 용이<br>• 화장품의 성분들의 결합 역할 |
| 코코넛오일<br>(Coconut oil) | • 야자의 종자에서 추출<br>• 비누의 원료, 연고, 마사지크림, 자외선차단제품의 원료 |
| 로즈힙오일<br>(Rosehip oil) | • 야생장미 종자 추출<br>• 화상, 상처치유, 노화억제, 색소침착 방지 효과 |
| 마카다미아넛오일<br>(Macadamia nut oil) | • 마카다미아 열매에서 추출.<br>• 피부의 친화력이 높음 |

### ② 동물성 오일

동물의 피하조직이나 장기에서 추출하여 피부의 흡수력이 우수하나, 식물성 오일에 비해 피부의 안전성이 낮은 단점이 있다. 종류로는 상어간유에서 추출하는 스쿠알렌(Squalane)과 밍크의 피하지방에서 추출하는 밍크오일이 있다.

### ③ 광물성 오일

석유 등 광물질에서 추출한 오일로 무색·무취이나 피부 흡수율이 낮아 주로 색조화장품의 원료로 사용된다.

〈 표 11-5 〉 광물성 오일의 종류 및 특성

| 광물성 오일 | 특 징 |
|---|---|
| 미네랄오일<br>(Mineral oil) | • 석유에서 추출<br>• 피부 표면에 남아 방어막을 형성<br>• 발림성이 좋음 |

| 실리콘 (Silicon) | • 발림성이 매끄럽고 가벼우며, 끈적임이 없음<br>• 방수 효과가 높아 핸드크림으로 사용 |
|---|---|
| 바세린 (Vaseline : Petrolatum) | • 석유 증발 후 정제하여 추출<br>• 피부의 수분 증발을 억제, 피부 보호 |

### (3) 왁스

고형의 유성성분으로 화장품의 굳기를 증가 시키는 목적을 가진 왁스는 동물성 왁스와 식물성 왁스로 나뉜다.

#### ① 동물성 왁스

동물성 왁스로는 양털에서 추출하는 라놀린(Lanolin)이 있으며, 꿀벌집에서 추출하는 밀납(Bees wax)이 있다. 고농도의 라놀린은 여드름을 유발하므로 피부타입에 맞게 조절하여 사용해야 한다.

#### ② 식물성 왁스

식물에서 추출하는 카르나우바 왁스(Carnauba wax)와 칸델리나 왁스(Candelilla wax)가 있다.

### (4) 방부제

화장품의 방부제는 화장품의 안정성을 고려하여 미생물의 번식 및 부패를 억제하여 화장품의 변질을 막는다. 종류로는 에탄올(Ethanol), 이미다조리디닐우레아(Imidazolidinyl urea), 벤조산(Benzonic acid), 파라옥시안신향산(Praben)이 있다. 파라벤류로는 메틸파라벤, 에틸파라벤, 프로필파라벤, 부틸파라벤이 있다.

### (5) 산화방지제

산화방지제는 화장품의 유성 성분이 공기 중에 산패되는 것을 방지하는 것으로 화장품의 안전성 및 안정성을 나타내며, 종류로는 EDTA(Ethylendiamine tetraacetic acid), BHT(Buthylhydoxytoluene), BHA(Buthylhydroxyanisol),α−Tocopherol등이 있다.

### (6) pH조절제

pH조절제는 화장품의 pH를 조절하여 미생물의 번식을 막고, 화장품을 통하여 pH를 조절할 수 있는 효과를 나타내며 화장품 사용 농도는 pH 3~9이다.

pH조절제 성분으로 감귤계열에서 추출하는 시트러스계열은 화장품의 산성화를 띠며, 암모니움 카보나이트는 화장품의 알칼리화를 띈다.

### (7) 점증제

점증제는 화장품의 점성을 조절하여 화장품의 발림성을 높여주는 원료로 합성원료와 천연원료로 나뉜다.

합성원료로는 카보머(Carbomer), 잔탄검(Xanthan gum)가 있으며, 천연 원료로는 동물연골에서 추출하는 젤라틴, 사과에서 추출하는 팩틴, 해조류에서 추출하는 알긴산, 우뭇가사리에서 추출하는 한천이 있다.

### (8) 계면활성제(표면활성제)

성질이 다른 물질을 섞으려면 반발력으로 인해, 서로 경계면이 생기는데 이를 잘 섞이도록 도와주는 물질을 계면이 활성화 된다 하여 계면활성제라고 한다.

계명활성제의 종류에는 음이온계면활성제, 양이온계면활성제, 양쪽성계면활성제, 비이온계면활제가 있으며, 종류에 따라 성질이 다르므로 각각 쓰임이 다르다.

〈 표 11-6 〉 계면활성제의 종류 및 특징

| 종 류 | 특 징 |
|---|---|
| 음이온계면활성제<br>(Anionic surfactant) | • 물에 용해될 때 친수기 부분이 음이온을 나타냄<br>ex) 비누, 샴푸, 세정제, 에멀젼의 유화제 |
| 양이온계면활성제<br>(Cationic surfactant) | • 물에 용해될 때 친수기 부분이 양이온을 나타냄(역성비누액)<br>ex) 살균제, 정전기 방지제, 헤어린스 |
| 양쪽성계면활성제<br>(Amphoteric surfactant) | • 음이온과 양이온이 함께 존재함<br>ex) 베이비샴푸 |
| 비이온계면활성제<br>(Nonionic surfactant) | • 자극성이 적어 기초화장품에 사용<br>ex) 크림, 로션 |

- **계면활성제의 피부 자극도**
  양이온계면활성제 〉 음이온계면활성제 〉 양쪽성계면활성제 〉 비이온계면활성제

- **계면활성제의 세정력**
  음이온계면활성제 〉 양이온계면활성제 〉 양쪽성계면활성제 〉 비이온계면활성제

/ MEMO /

CHAPTER 12

# 아로마테라피

**학습 목표**

아로마테라피의 역사와 어원을 알고 식물이 가지는 고유한 힘을 이해하여 목적에 알맞은 아로마를 선택하고 사용할 수 있다.

## 1. 아로마 테라피의 어원과 역사

### 1) Aromatherapy의 정의

아로마테라피란 아로마 (Aroma, 향기)와 테라피(Therapy, 치유)의 합성한 용어로 약용 효과가 있는 식물의 꽃, 잎, 줄기, 뿌리, 열매, 수지, 씨앗 등으로부터 추출한 방향성 오일을 뜻하며 심신의 균형을 유지하는 자연치유 요법이다. 사용 방법으로 흡입, 입욕, 마사지, 첩포 등의 방법이 있다.

### 2) 아로마의 역사

#### (1) 고대

**① 이집트**

이집트는 종교 의식, 왕의 즉위식에 경건함을 극대화하기 위해 향이 사용되었으며, 죽은 자의 육체에서 빠져나온 악령 퇴치, 시체의 방부처리(미라)로 사용되었다.

**② 그리스**

그리스 시대에 의학의 아버지인 히포크라테스는 정유(Essetial oil)를 이용한 의료행위로 방향 마사지와 목욕의 유효성을 나타냈다.

**③ 로마**

신체를 가꾸는데 향을 사용하였으며, 네로황제의 목욕 문화의 대중화로 다양한 향기 물질을 적용한 목욕이 발달하고 사용 되었다.

**④ 인도**

B.C2000년경 700여종의 사용 식물을 기록한 '그리베다'에서 식물의 약용효과를 나타내었으며, 아율베다 의학서에서 방향성 오일을 사용한 입욕, 마사지, 흡입, 섭취를 통하여 치료법이 사용되었다.

⑤ **아라비아**

아로마의 추출 방법 중 하나인 아비체나증류법을 아랍인 의사 아비체나에 의해 10세기경 최초 발명하였으며. 십자군 전쟁을 통해 유럽으로 전파(1000년경)하였다. 이러한 발명이 식물 자체로가 아닌 오늘날의 에션셜 오일(Essetial oil) 상태로의 변화를 가져왔다.

### (2) 근대

① **르네 모리스 가뜨포세**(René-Maurice Gattefossé)

아로마테라피의 아버지인 르네 모르스 가뜨포세는 프랑스 화학자이며, 최초로 아로마테라피라는 용어를 사용하였다. 그는 라벤더의 화상치유 효능을 발견하여 학계에 향유의 효과를 입증하였다.

② **쟝 발레**(Dr.Jean Valnet)

쟝 발레는 프랑스군 외과 의사로 2차 세계 대전에 참전한 환자들의 상처 치유와 정신적 치유에 아로마 향유를 적용하여 사용하였으며, 1964년 'The Practice of Aromatherapy'가 번역되어 출간되었다.

③ **마가렛 모리**(Marguerite Maury)

아로마 마사지의 창시자로 1950년초 피부미용에 에센셜 오일(Essetial oil)을 적용하여 향유를 사용한 마사지 법을 전파하였다.

## 2.에센셜 오일 (Essential oil)

### 1) 정의

약용식물의 뿌리, 꽃, 열매, 잎, 줄기, 씨앗, 수지, 껍질 등에서 추출한 오일을 정제하여 만든 100% 천연의 방향성 오일을 정유(Essetial oil)라고 한다.

### 2) 효능

에센셜 오일은 세균의 침입을 막는 항균, 항염작용을한다. 또한, 신경의 이완을 통한 진정, 진통 작용을하며, 부교감신경의 상승을 통해 혈액순환 및 림프순을 촉진하여 배설, 배농작용의 효능 및 효과를 보인다.

### 3) 추출 방법

향을 가지는 식물의 추출방법으로는 다량의 정류를 얻을 수 있는 방법인 수증기 증류법 Distillation)이 있으며, 열매에서 추출하는 정유 추출 방법으로 압착법 (Compression), 휘발성 용매를 이용하여 정유를 얻는 용매추출법(Solvent extraction)이 있다.

### 4) 인체 내 흡수 경로

휘발 성질을 가진 정유는 인체 내 흡수의 경로로 후각(코)를 통한 경로와 호흡기계(폐)를 통한 경로, 피부를 통한 흡수 경로로 나뉘어 에센셜 오일의 효능 및 효과가 나타난다.

#### (1) 후각을 통한 흡수

방향 성질을 가진 아로마는 기체 상태로 후각세포의 성모로 감각수용체를 통하여 대뇌에 전달하고 이를 통해 뇌하수체로 보내지게 되어 자율신경계, 면역계, 내분비계에 영향을 끼치게 되는 경로이다.

- 코 → 실리아 (Silia) → 후각구 → 후각신경 → 변연계 → 뇌피질 → 시상하부 → 뇌하수체 → 호르몬 → 자율신경계, 면역계, 내분비계 영향

#### (2) 호흡기계를 통한 흡수

휘발성 성질의 정유가 호흡기계를 통하여 흡수하는 경로로 코를 통하여 폐포에 흡기하여 폐를 통해 전신에 흡수되는 경로이다.

• 코 → 부비강 → 인두 → 후두 → 폐포 → 혈관 → 전신

### (3) 피부를 통한 흡수

정유는 지용성의 성질로 피부 표피의 모공 및 한공으로부터 흡수되어 혈관과 림프를 통하여 전신의 조직과 기관으로 흡수하고 자율신경 및 면역계, 내분비에 영향을 미치며 1~2시간 내에 소변으로 배출되어 인체에 남아있지 않아 안전하다.

• 표피 → 진피 → 림프 → 혈관 → 전신

## 5) 에센셜 오일의 종류 및 특성

〈 표 12-1 〉 에센셜 오일의 추출 부위 및 효능

| 추출부위 | 종류 | 효능 |
|---|---|---|
| 열매 | 오렌지 | • 항우울, 소화촉진, 식욕증진, 체지방감소 |
| | 쥬니퍼 | • 발한, 살균, 소독, 해독, 통경, 이뇨 |
| | 그레이프후룻 | • 살균, 소독, 이뇨, 정화, 근육 내 독소 제거 |
| | 레몬 | • 소독, 수렴, 방부, 면역력 강화, 체지방감소 |
| | 버가못 | • 살균, 소독, 피지조절, 충혈, 피부진정 |
| 잎 | 바질 | • 살균, 소독, 강장, 거담, 발한작용 |
| | 티트리 | • 살균, 소독, 항바이러스, 발한작용 |
| | 페퍼민트 | • 거담, 두통, 수렴, 소염, 해열, 항신경장애 |
| | 로즈마리 | • 두뇌기능촉진, 정신피로회복, 혈액순환촉진 |
| | 마조람 | • 거담, 장강, 최음, 항우울, 항염증, 혈관 확장 개선 |
| 꽃 | 로즈 | • 생식기 강장, 최음, 항우울, 항염, 혈관 확장 개선 |
| | 라벤더 | • 살균, 소독, 진정, 피지 조절, 해독, 항우울 |
| | 제라늄 | • 수렴, 이뇨, 지혈, 세포재생, 림프순환 |
| | 일랑일랑 | • 피지분비조절, 최음, 항우울, 소독 |
| | 카모마일 | • 진정, 상처치유, 소염, 진통, 항알러지 |

## 6) 에센셜 오일 사용 방법

### (1) 블렌딩

에센셜 오일은 고농도의 오일로 피부에 직접 사용하면 안전성에 위험이 있으므로 블랜딩하여 사용하는데, 사용 방법에 따라 물이나 식물성 오일(베이스오일)에 2~3가지 에션셜 오일을 혼합하여 사용하는 것을 권한다.

### (2) 블렌딩 방법

케리어 오일(베이스오일)에 혼합되는 에센셜 오일의 양은 1~3%로 하여야 하며, 단독 사용하여 피부나 두피에 사용은 금지한다. 반드시 블렌딩(희석)하여 사용하여야 한다.

피부에 직접 사용 가능한 에센셜 아로마 오일에는 라벤더, 티트리오일이 있다.

### (3) 에센셜 오일 주의 사항

① 반드시 희석하여 사용하며, 원액 그대로 사용을 피부에 사용하지 않는다.

② 임신 중에는 주의하여 사용한다.

③ 눈, 입술, 생식기 등 점막 부위는 주의하여 사용한다.

④ 알러지 체질은 사용 전 패치 테스트 후 사용한다.

⑤ 오일이 빛에 민감하므로 갈색 또는 암청색 병에 넣어 냉암소에 보관한다.

⑥ 1회 사용량을 블렌딩하여 사용한다.

### (4) 적용 범위

① 마사지

② 입욕, 좌욕, 족욕

③ 증기 요법

④ 습포

⑤ 모발 관리

⑥ 아로마 화장품

⑦ 방향 화장품

⑧ 소독용

⑨ 두피 관리

⑩ 피부관리(항염, 진정, 소염 작용)

/ MEMO /

CHAPTER 13

# 메이크업&분장

**학습 목표**

미적 표현을 위한 메이크업으로 자신의 장점을 극대화하고, 단점을 보완한 개인의 이미지를 개성 있게 연출하는 법을 학습한다.

## 1. 메이크업의 기초 이론

메이크업의 사전적 의미는'제작하다, 완성하다, 보완하다'의 뜻으로 일반적으로 미화의 목적으로 얼굴에 화장하는 행위이다. 화장한다는 행위는 단순히 외부의 물리적 위험요소로부터 신체를 보호하고 신체 장식적 의미가 부여되고 표출되는 인간의 미적 욕망을 담고 있다. 메이크업은 본래의 타고난 얼굴에 화장품이나 도구 등을 사용하여 약점은 보완하고, 장점은 극대화하여 추구하고자 하는 외적 이미지를 표현하기 위해 제작·완성 및 수정하거나 보완한다. 그리하여 외적인 면을 업그레이드시킴으로써 내면과 조화롭게 표출하는 하나의 방법이다.

오늘날의 메이크업은 단순히 용모를 아름답게 한다는 의미를 초월한다. 피부보호부터 자신의 지위, 직업, 신분 등을 나타내고, 자기 효능감을 높이기 위해 메이크업한다. 또한 메이크업 테라피(Make up therapy), 메이크업 힐링(Make up healing)이라는 개념을 접목하여 트렌드를 넘어서 생활문화로 자리매김하고 있으며 그 기능도 변화·발전하고 있다.

〈 표 13-1 〉 메이크업의 기능

| 구 분 | 기 능 |
|---|---|
| 보호기능 | • 피부보호를 목적으로 외부의 먼지나 자외선, 대기오염, 온도 등의 변화로부터 피부보호 |
| 미화기능 | • 인간의 본능적인 미화기능을 충족시키는 목적으로 메이크업 제품으로 얼굴의 장점은 부각, 단점은 보완하여 아름다움 추구 |
| 사회기능 | • 자신이 사회에 갖는 지위, 직업, 신분을 표시하고 사회적인 관습도 나타냄 |
| 심리기능 | • 외모에 자신감을 부여함으로써 심리적으로 능동적이고 적극적인 자신감을 가지게 됨으로써 긍정적 효과를 기대<br>• 최근 메이크업 테라피(Makeup Therapy)로 심리적 우울 증상 및 치매 등의 치료와 완화 |

메이크업의 가장 큰 기능은 미적 기능이다. 그러기 위해서는 얼굴의 골격분석과 장·단점 파악이 우선시 되어야 하고, 표현하고자 하는 이미지에 알맞게 얼굴의 균형과 조화를 이루도록 한다.

이상적인 얼굴의 비례는 가로 : 세로의 비율이 1 : 1.33이며, 얼굴 정면은 가로 3분할, 세로 5분할 한다. 눈썹산은 눈썹의 ⅔지점에 위치하며, 이상적인 입술의 두께는 윗입술과 아랫입술의 비율은 1 : 1.5이다.

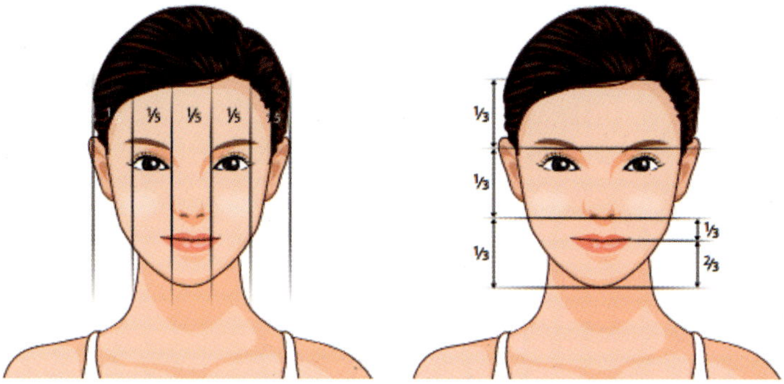

수직비율 수평비율

〈 그림 13-1 〉 이상적인 얼굴 균형도

## 2. 메이크업 도구 및 제품

메이크업 테크닉은 기초를 탄탄하게 하는 것에서부터 시작한다. 몇 년 동안 인기를 이어오는 촉촉하고 윤기 있는 물광 베이스 메이크업은 빛을 반사하며 얼굴을 좀 더 입체감을 부여한다.

제품별 특징과 기능을 익혀서 얼굴형의 특징과 표현하고자 하는 이미지에 맞게 활용한다면 효과적인 메이크업으로 호감형 이미지메이킹을 할 수 있다.

### 1) 베이스 메이크업

베이스 메이크업은 메이크업 베이스, 파운데이션, 파우더를 일컫는 말로 요즘은 파우더를 거의 사용하지 않는 추세로 파우더의 역할을 포함하고 있는 에어 쿠션류를 사용한다.

#### (1) 메이크업 베이스

메이크업 베이스는 파운데이션을 바르기 전에 사용하는 것으로 파운데이션의 밀착력을 상승시켜주고, 피부톤을 정돈하며 색조 메이크업으로부터 피부를 보호해 준다. 컬러별로 베이스 메이크업의 기능을 달리함은 물론이고, 피부톤에 따라서도 선택을 달리하도록 한다.

〈 표 13-2 〉 메이크업 베이스 색상별 분류

| 색 상 | 기 능 |
| --- | --- |
| 그린 & 블루 | • 여드름 및 잡티가 많은 피부나 붉은 피부의 톤조절 |
| 핑크 | • 창백한 얼굴에 혈색부여 |
| 옐로 | • 흑인이나 까무잡잡한 피부를 노르스름하게 중화 |
| 오렌지 | • 태닝 피부나 건강한 피부색 표현 |
| 퍼플 | • 노르스름한 피부나 청순한 메이크업을 원할 때 |

### (2) 프라이머

실리콘 오일이나 실리콘 유도체를 함유하고 있어 피부의 요철을 메워 실크처럼 매끈한 피부를 만들어주는 언더 베이스이다. 또한 과도한 피지 분비를 막아 피부 결을 컨트롤하여 도자기 같은 피부를 연출한다.

### (3) 파운데이션

실질적으로 메이크업 시 아름다운 피부표현을 해주는 것은 파운데이션이다. 피부색을 일정하게 조절하여 자연스러운 피부를 표현함은 물론, 기미나 주근깨, 상처나 흉터 등의 잡티를 커버하는 역할을 한다. 또한 색상이 다른 파운데이션을 하이라이트와 셰이딩으로 나누어 발라줌으로써 얼굴에 윤곽을 부여하여 입체적인 메이크업을 완성할 수 있다.

〈 표 13-3 〉 파운데이션 기본 3컬러

| 종 류 | 기 능 |
| --- | --- |
| 베이스 컬러<br>(Bbase color) | • 얼굴 전체에 도포하는 컬러로 피부와 거의 유사한 컬러<br>• 되도록 목컬러와 유사하게 선택하는 것이 자연스러움 |
| 하이라이트 컬러<br>(Highlight color) | • 베이스 컬러보다 1~2단계 정도 밝은 컬러<br>• T존 부위와 C존 부위, 눈 밑과 턱 밑에 사용하여 팽창, 확대되어 보이는 효과 |
| 셰이딩 컬러<br>(Shading color) | • 베이스 컬러보다 1~2단계 정도 어두운 컬러<br>• 노즈 섀도, 각진 턱이나 이마 등 페이스라인에 수축, 후퇴되어 보이는 효과 |

파운데이션은 본인의 피부톤과 유사하다고 해서 사계절 모두 같은 타입의 제품을 사용하기보다는 계절이나 연령에 따라 혹은, 목적에 따라 파운데이션을 타입별로 다르게 한다.

〈 표 13-4 〉 파운데이션의 타입별 분류

| 종 류 | 특 징 |
| --- | --- |
| 리퀴드타입 (Liquid Type) | • 로션타입으로 수분함유량이 많아 가볍고 산뜻한 사용감<br>• 퍼짐성이 우수하고 가벼워 지성 피부나 여름철에 적합<br>• 화장을 처음 하는 사람이나 모든 피부에 부담없이 사용가능하며 젊은 연령층에 적당 |
| 크림타입 (Cream Type) | • 유분을 많이 함유하고 있어 무겁지만, 피부커버력 우수<br>• 퍼짐성과 부착성이 좋아 땀이나 물에 잘 지워지지 않음<br>• 외부자극으로부터 보호가 필요한 건성, 노화피부나 겨울철에 적합 |
| 스틱타입 (Stick Type) | • 립스틱 모양으로 크림 파운데이션보다 커버력 우수<br>• 무대 메이크업에 주로 사용 |

많은 양을 한꺼번에 바르는 것보다 소량씩 여러 번 덧바르며, 손을 사용해도 무방하지만 여러 번 세척하여 사용할 수 있는 비건 라텍스(Vegan Latex) 퍼프를 사용하면 피부뿐만 아니라 환경에도 이롭다.

#### (4) 파우더

파우더는 파운데이션의 유분기를 잡아주어 메이크업의 지속력을 높여주고 난반사 효과로 자외선으로부터 피부를 보호한다. 파우더 또한 베이스 제품과 마찬가지로 색상별 그 기능이 다르고 유형별로도 차이가 있다. 가루타입 외에 고형으로 만든 콤팩트 파우더는 휴대 및 사용이 간편하다. 펄 파우더는 펄가루를 섞어 글로시하거나 쉬머 메이크업 연출 시 사용하고, 펄 파우더보다 더 화려한 분위기를 연출할 때는 입자가 굵은 스타 파우더를 사용하면 효과적이다.

### 2) 아이 메이크업

#### (1) 눈썹 메이크업(Eye brow)

눈썹은 얼굴 전체적의 분위기를 좌우하므로 자신의 얼굴형과 이목구비에 어울리는 자연스러운 눈썹을 연출하도록 한다.

눈썹 메이크업 시에는 아이브로우 펜슬이나 에보니 펜슬로 눈썹형태를 스케치하고 앵글 브러시를 이용해서 섀도색상으로 터치해준다.

초보자의 경우, 그리기도 쉽고 휴대가 용이한 펜슬타입의 아이브로우를 권장하지만, 잘 지워지는 단점이 있다. 반면 섀도 브러시를 이용하면 자연스럽게 그려지고 잘 지워지지 않는 장점이 있지만, 전문성을 요구한다.

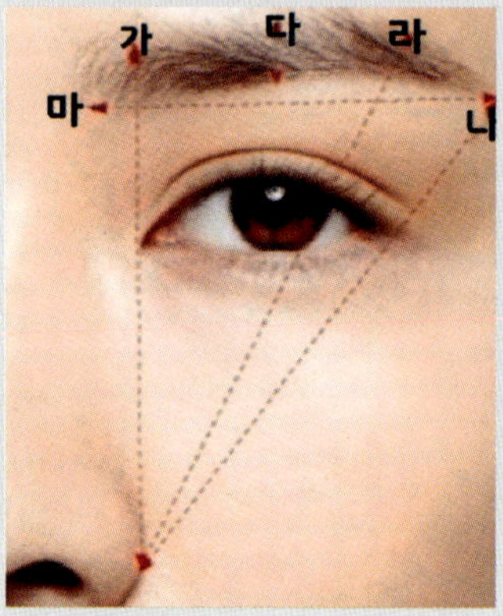


☞ 기본형 눈썹 그리는 방법

가. 시작점은 콧방울과 눈 앞머리를 지나는 동일선상
나. 눈썹 끝점은 콧방울을 지나 눈꼬리를 지나는 45°
다. 눈썹의 굵기는 꼬리 쪽으로 갈수록 가늘게
라. 눈썹산은 눈썹 길이의 ⅔지점
마. 시작점과 끝점의 높이는 같거나 꼬리쪽이 살짝 높게

눈썹은 형태뿐만 아니라 길이나 두께, 컬러에 따라서도 이미지가 다르며 본인의 모발 컬러와 유사한 아이브로우색을 사용하는 것이 바람직한 방법이다.

〈 표 13-5 〉 눈썹유형에 따른 이미지

| 눈 썹 유 형 | | 이 미 지 |
|---|---|---|
| 굵기 | 가는 눈썹 | • 부드럽고 성숙한 이미지, 여성적, 동양적 이미지 |
| | 굵은 눈썹 | • 강하고 건강한 이미지, 동안의 이미지 |
| 길이 | 짧은 눈썹 | • 어리고 귀여운 이미지, 유머스러움 |
| | 긴 눈썹 | • 여성스럽고 성숙한 이미지, 정적인 이미지 |
| 컬러 | 블랙 | • 헤어컬러가 블랙이거나 한복 메이크업, 흰피부에 적합 |
| | 그레이 | • 안정적이고 침착함, 자연스러움, 동안의 이미지 |
| | 브라운 | • 우아하고 여성적, 세련미 있어 보이나 나이들어 보임 |

눈썹의 형태는 기본형을 비롯하여 6가지 유형으로 분류한다. 본인의 얼굴형에 어울리도록 연출하도록 하고, 특별한 날은 T.P.O에 맞게 개성적으로 연출한다.

〈 표 13-6 〉 눈썹의 형태에 따른 이미지 분류

| 기본형(표준형) 눈썹 | 일자형(직선형) 눈썹 | 각진형 눈썹 |
|---|---|---|
|  |  |  |
| 어떠한 얼굴형에도 어울리는<br>기본 눈썹형 | 동안으로 긴형에 적합.<br>활동적이며 캐주얼한 연출 | 둥근형에 적합<br>사무적이고 딱딱하나<br>현대적이고 지적인 이미지 |
| **둥근형(아치형) 눈썹** | **상승형(화살형) 눈썹** | **처진형 눈썹** |
|  |  |  |
| 각진 얼굴에 적합<br>부드럽고 여성스러우며<br>고전적인 이미지 | 개성이 뚜렷하며 생동감<br>섹시하지만 날카롭고<br>신경질적인 이미지 | 부드럽고 온화하며<br>수동적인 이미지<br>코미디나 희극적인 표현 |

## (2) 아이섀도

아이섀도는 눈에 다양한 컬러감을 부여하여 눈매를 수정하고 보완하며, 눈에 깊이감을 주어 매력적인 눈매로 보이게 한다. 계절감은 물론 트렌드에 민감하여 시즌별로 유행하는 컬러들이 제시되고 있지만, 전체적인 분위기와 조화를 이루도록 한다. 즉, 컬러 고유 이미지와 자신의 분위기에 맞게 선택하는 것이 가장 이상적인 아이섀도 컬러의 선택방법이다.

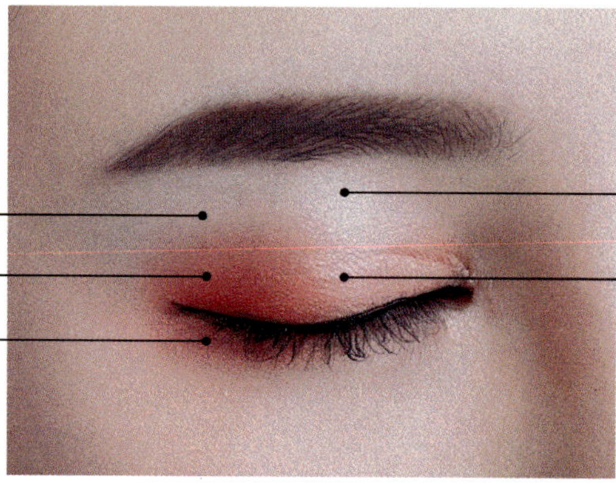


〈 그림 13-2 〉 아이섀도 명칭

〈 표 13-7 〉 아이섀도 부위별 명칭

| 구 분 | 특 징 |
|---|---|
| 베이스 컬러 (Base Color) | • 다른 컬러들을 바르기 전 정돈하는 컬러<br>• 스킨컬러와 유사한 베이지와 화이트를 믹스 |
| 메인 컬러 (Main Color) | • 눈을 뜬 상태에서 어느 정도 컬러가 보임<br>• 아이섀도 전체분위기를 좌우하는 컬러 |
| 포인트 컬러 (Point Color) | • 메인컬러보다 짙은 톤의 아이섀도로 선명한 눈매표현<br>• 쌍꺼풀라인을 중심으로 바름 |
| 언더 컬러 (Under Color) | • 아이라인과 연결되는 눈 끝 삼각존<br>• 보통 포인트컬러로 함께 연출하면 자연스러움 |
| 하이라이트 컬러 (High-light Color) | • 눈썹 뼈, 눈 앞머리, 눈썹 뼈에서 관자놀이로 이어지는 곳<br>• 화이트, 펄 감이 있는 파스텔톤의 컬러 사용하여 음영표현<br>• 눈썹 뼈보다는 눈 앞머리쪽에 주는 것이 세련됨 |

## (3) 아이라인

아이라인은 눈의 모양을 수정하여 눈을 선명하게 보이도록 하여 생동감을 부여하며, 블랙컬러를 기본으로 다크그레이 및 브라운 등 다양한 색이 사용되고 있다.

아이라인을 그릴 때는 매끈한 라인으로 표현하고 최대한 속눈썹이 난 부분에 가깝게 그려주면 자연스러운 아이라인을 표현할 수 있다. 라인의 굵기는 일정하게 하고, 중간에 끊어지거나 번지지 않도록 주의한다.

〈 표 13-8 〉 아이라인의 형태별 분류

| 종 류 | 특 징 |
|---|---|
| 펜슬 타입<br>(Pencil Type) | • 그리기 쉬워 초보자에게 적합<br>• 정교함이 다소 떨어지나 자연스러움<br>• 쉽게 번지거나 지워짐 |
| 리퀴드 타입<br>(Liquid Type) | • 내수성, 방수성, 부착성, 지속성 우수<br>• 시술 후 수정이 어려워 전문성요구<br>• 선명한 눈매연출 |
| 케이크 타입<br>(Cake Type) | • 물, 스킨을 섞어 사용하므로 번거로워 사용빈도가 낮음<br>• 자연스러운 분위기연출 |
| 젤 타입<br>(Gel Type) | • 리퀴드 타입의 장점과 케이크 타입의 장점만 믹스<br>• 젤이 굳을 수 있으므로 사용 시 주의필요 |
| 붓펜 타입<br>(Brush Pencil Type) | • 건조가 빠르고 번짐이 적음<br>• 자연스럽고 내수성, 지속력 우수<br>• 뚜껑을 열어두면 휘발성이 강해 굳어져 버림 |

## (4) 마스카라

마스카라는 속눈썹을 풍성하게 표현하여 크고 깊이감이 있는 매력적인 눈매를 연출한다. 아이래쉬컬로 속눈썹 뿌리부터 여러 번 반복해서 컬링하는 것을 권장한다. 마스카라 양은 마스카라 입구에서 조절하고, 눈아래를 보면서 위에서 아래방향으로 쓸어내리듯 바른다. 그다음은 아래에서 지그재그방향으로 비틀면서 위로 컬링하면 자연스러운 J컬의 효과를 얻을 수 있다. 아래의 속눈썹에 마스카라를 바를 때는 브러시를 세워서 끝부분만 살짝 바른다. 이때 티슈를 대고 바르면 눈아래 마스카라가 묻는 것을 방지할 수 있다.

〈 표 13- 〉 아이라인의 형태별 분류

| 종 류 | 특 징 |
|---|---|
| 컬링 마스카라 | • 하드한 느낌을 주는 원료 사용<br>• 속눈썹이 잘 올라가고 장시간 지속 |
| 볼륨 마스카라 | • 내용물이 많이 발라져 속눈썹이 풍부해 보임 |
| 롱래쉬 마스카라 | • 섬유소가 들어 있어 속눈썹이 길어 보이는 효과<br>• 잘 엉켜 붙고 시간이 지나면 섬유소가 떨어짐 |
| 워터프루프 마스카라 | • 건조가 빠르고 내수성이 좋아 여름철 사용에 적합<br>• 아이 전용 클렌저를 사용하여 지움 |

#### (5) 인조 속눈썹

메이크업 특성에 맞춰 모양이나 컬을 선택하여 속눈썹의 컬을 풍성하게 보이도록 하기 위해 사용하는 인조 속눈썹이다. 너무 인위적이지 않도록 눈매에 맞추어 잘라 사용하면 아름다운 눈매를 연출할 수 있다.

### 3) 립메이크업

립메이크업은 얼굴 전체 메이크업에 포인트로 생기를 주며, 민얼굴에 립메이크업만 하여도 화장을 한 느낌을 준다. 본인의 입술모양을 수정하여 아름다운 메이크업을 연출하고 외부의 자극과 자외선으로부터 입술을 보호한다.

사람마다 눈썹의 모양과 크기가 다르듯이 입술 또한 각양각색이다. 가장 이상적인 입술라인은 정면을 응시할 때 눈동자의 정중앙선과 양쪽 입술끝이 만나는 것이다. 큰 입술의 경우는 본인의 입술보다 1~2mm 정도 안쪽으로, 작은 입술은 본인의 입술보다 1~2mm 정도 바깥쪽으로 그려 입술모양을 수정한다.

자신의 얼굴형과 입술모양, 피부색을 고려하여 립스틱색상을 선택하되 의상이나 헤어, 액세서리 등 전체적인 분위기, 계절이나 연령, 개인의 컬러선호도와 트렌드에 따라 반영하여 선택한다.

〈 표 13-9 〉 립라인의 유형에 따른 립메이크업 방법

| 유 형 | 방 법 |
|---|---|
| 아웃커브  | • 매혹적이며 관능적인 이미지<br>• 작은 입술의 원래 입술라인보다 1~2mm 넓게 그리기<br>• 윗입술의 산과 산 사이를 약간 벌어진 상태로 자연스럽게 그리고 아랫입술은 둥글고 도톰하게 그림 |
| 인커브 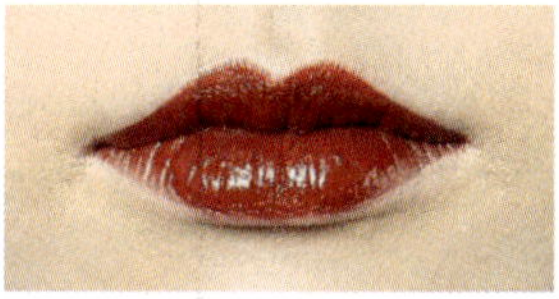 | • 귀엽고 사랑스러운 동안의 이미지<br>• 크고 도톰한 입술의 원래 입술라인보다 1~2mm 정도 안쪽으로 작게 그리면 부드럽고 여성적인 분위기<br>• 구각을 올려 그리면 청순한 이미지연출 |
| 스트레이트 커브 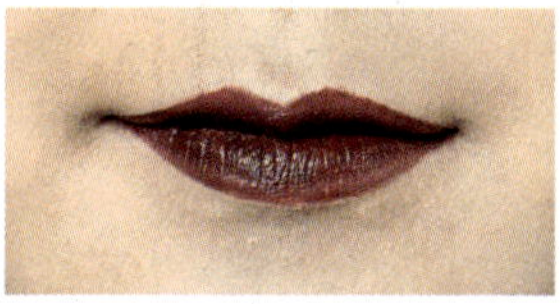 | • 활동적이고 샤프하면서 지적인 이미지<br>• 원래의 입술라인을 살리되 구순을 직선처리하여 그리기<br>• 아랫입술은 길고 가름하게 그리며 단정한 느낌 |

〈 표 13-10 〉 형태별 분류

| 종 류 | 특 징 |
|---|---|
| 립스틱<br>(Lipstick) | • 가장 일반적이고 색감이나 질감 다양<br>• 발색도가 좋아서 입술모양 수정 보완에 적합 |
| 립글로스<br>(Lipgloss) | • 윤기 있고 촉촉하게 해주는 역할<br>• 색상은 아주 흐리거나 투명하여 은은한 메이크업에 적합 |
| 립라이너<br>(Lipliner) | • 입술 라인을 선명하게 하거나 입술 모양을 수정 보완<br>• 번짐이 적어 지속력 우수 |
| 립코트<br>(Lipcoat) | • 립스틱 위에 덧발라 지속력을 증대시키는 역할 |
| 립틴트<br>(Lip Tint) | • 액체나 젤 타입으로 스틱형보다 자연스러운 발색력<br>• 요즘 가장 인기 있는 유형 |
| 립밤<br>(Lip Balm) | • 바세린 성분이 들어 있어 입술 케어용<br>• 자연스러운 색상 또는 펄을 함유하기도 함 |

### 4) 블러셔 메이크업

얼굴의 윤곽을 수정하여 아름다운 얼굴형을 연출하고 볼에 혈색을 부여하여 여성스러움과 화사함을 표현하는 것이 블러셔 메이크업의 목적이다.

핑크 블러셔는 귀여운 느낌을, 오렌지 블러셔는 건강하고 발랄한 느낌을, 브라운 블러셔는 세련되고 차분하며 지적인 느낌을 준다. 여성스러움과 화사함을 연출하고 싶다면 로즈 컬러의 블러셔를 해준다.

일반적으로 널리 사용하는 케이크 타입(Cake Type)과 파운데이션을 바른 후 스펀지로 펴 발라주는 크림 타입(Cream Type)이 있다. 크림 타입은 유분기를 포함하고 있어 건조한 피부나 자연스러운 발림을 위해서는 전문성을 요한다.

블러셔의 위치는 모델이 정면을 응시할 시 검정 눈동자 가운데 수직 연장선과 코 끝부분 수평 연장선을 연결해서 만나는 지점의 상단 바깥 부분이 기본적인 블러셔의 위치이다. 얼굴형에 따라 블러셔 브러시를 어느 방향으로 마무리하느냐에 따라서 얼굴형을 수정할 수 있다.

〈 표 13-11 〉 얼굴형에 따른 블러셔 방향

| 얼굴형 | 블러셔 방향 |
|---|---|
| 둥근 얼굴형 | • 관자놀이에서 입꼬리 쪽을 향해 사선 방향 |
| 긴 얼굴형 | • 볼 바깥에서 눈 앞머리를 향해 가로 방향 |
| 역삼각형 얼굴형 | • 관자놀이에서 광대 위쪽 부분에서 터치 |
| 사각 얼굴형(각진형) | • 관자놀이에서 턱을 향해 길게 터치 |
| 다이아몬드 얼굴형 | • 광대를 감싸듯이 둥글고 부드럽게 터치 |

### 5) 메이크업 도구

#### (1) 스펀지(Sponge)

파운데이션을 펴 바를 때 사용하는 도구로 파운데이션이 뭉치지 않게 고루 펴주는 역할을 한다.

〈 표 13-12 〉 스펀지의 종류와 특징

| 종 류 | 특 징 |
|---|---|
| 라텍스 스펀지 | • 원료 : 천연 생고무<br>• 사용 후 세척이 불가능하고 가위로 잘라서 사용 |
| 합성 스펀지 | • 원료 : 석유화학에서 얻은 인조 원료<br>• 유분의 흡수력은 떨어지나 탄력성이 우수하여 형태 보존력이 좋고 저렴한 가격대로 쉽게 구입<br>• 오염되면 비눗물에 세척하여 사용 |
| 해면 스펀지 | • 천연 스펀지를 물에 담그면 부드러워져 주로 팬케이크 사용시나 클렌징 때 사용<br>• 사용 후에는 세척하여 건조한 후 사용 |

### (2) 퍼프(Puff)

면 또는 합성섬유 소재로, 파우더를 눌러 바를 때 사용하는 도구이다. 퍼프를 세척할 때는 폼 클렌징이나 비누로 미온수에 녹인 후 내피가 뭉치지 않도록 부드럽게 세척한다. 수건이나 종이 타월을 깔고 분첩, 스펀지를 말리기도 한다.

### (3) 브러시(Brush)

섀도 및 블러셔, 립메이크업 등 컬러감을 부여할 때 필수 도구이다. 사용 후에는 매번 털어서 관리하며, 더러워지면 세척 한다. 세척 할 때는 샴푸와 희석한 물에 넣었다가 꺼내어 손바닥에서 모의 결대로 세척하고 흐르는 물에 헹군다. 헹굴 때도 모의 결대로 헹구고 린스와 물을 희석한 물에 넣었다가 꺼내어 다시 1번 더 흐르는 물에 헹구어 준다. 세척 후 세워서 말릴경우 브러시 모가 벌어질 수 있으므로 반드시 뉘어서 말리거나 모가 아래로 가게 해서 직사광선을 피해 건조시킨다.

〈 표 13-13 〉 브러시의 종류와 특징

| 종 류 | 특 징 |
|---|---|
| 파운데이션 브러시<br>(Foundation Brush) | • 파운데이션을 바를 때 사용<br>• 탄성이 좋고 적당한 길이를 선택 |

| 파우더 브러시<br>(Powder Brush) | • 숱이 많고 부드러운 털이 좋음<br>• 얼굴 전체에 파우더를 바르거나 파우더를 털어낼 때 사용 |
|---|---|
| 팬 브러시<br>(Pan Brush) | • 파우더나 섀도 바른 후 털어낼 때 사용<br>• 부채꼴 모양의 빳빳한 털이 좋음 |
| 치크 브러시<br>(Cheek Brush) | • 블러셔를 바를 때 사용<br>• 부드러운 털로 적당히 숱이 많을수록 좋음 |
| 아이브로우 브러시<br>(Eye Brow Brush) | • 눈썹을 그릴 때 사용<br>• 사선 모양을 하고 있으며 폭이 좁고 탄력성이 좋아야 함 |
| 아이섀도 브러시<br>(Eyeshadow Brush) | • 아이섀도를 바를 때 사용하는 브러시로 다양한 크기가 있음<br>• 폭은 좁고 탄력성이 좋아야 함 |
| 아이라이너 브러시<br>(Eyeliner Brush) | • 아이라인을 그릴 때 사용<br>• 가늘고 탄력이 좋아야 아이라인을 선명하게 그릴 수 있음 |
| 스크루 브러시<br>(Screw Brush) | • 눈썹에 묻은 파우더를 털어내거나 엉겨 붙은 속눈썹 빗질<br>• 나선형으로 되어있으며 털에 힘이 있는 것이 좋음 |
| 백콤 브러시<br>(Back Comb Brush) | • 콤은 눈썹을 다듬을 때 사용<br>• 아이브러시는 눈썹을 가지런히 정리하는 데 사용 |
| 팁 브러시<br>(Tip Brush) | • 강한 포인트 색을 바를 때 사용<br>• 팁의 재질은 면이나 밍크가 있으며 물 세척이 가능 |
| 립 브러시<br>(Lip Brush) | • 립스틱을 바를 때 사용<br>• 털끝이 모여 있고 탄력과 힘이 있는 브러시 적합 |

〈 그림 13-3 〉 다양한 메이크업 브러시

### 6) 기타 도구

메이크업 기본 도구외에 눈썹을 정리하거나 속눈썹 컬링, 파운데이션을 덜거나 믹싱할 때 사용하는 스파츌라, 아이메이크업 혹은 립 라인 등 세밀한 부분의 수정 메이크업을 할 때 사용하는 기타 도구들이 있다.

〈 표 13–14 〉 기타도구의 종류와 특징

| 종 류 | 특 징 |
|---|---|
| 눈썹 가위 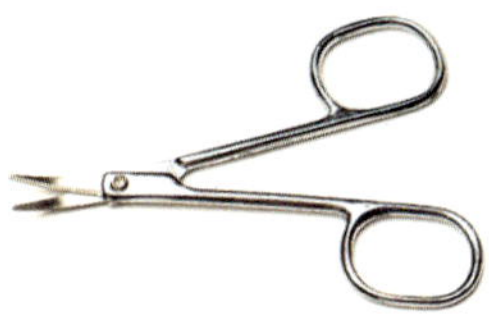 | • 눈썹 수정이나 눈썹 커팅 시 사용<br>• 가위 날이 정교하고 눈의 형태에 맞는 가위 사용<br>• 사용 전후 소독하여 위생적으로 사용할 것 |
| 트위저  | • 눈썹을 정리하거나 인조 속눈썹을 붙일 때 사용<br>• 알코올에 소독하여 위생적으로 사용 |
| 아이래쉬 컬  | • 속눈썹을 곡선으로 만들어 눈을 보다 크게 보이는 하는 도구<br>• 작은 고무를 압박하면서 눌러 조절하며 3단계로 조절<br>(속눈썹 뿌리에서 한번, 중간에서 한번, 눈썹 끝에서 한번)<br>• 사용 전후 소독하여 위생적으로 사용할 것 |
| 스파츌라  | • 파운데이션을 용기에서 들어내거나 믹싱할 때 사용<br>• 알코올에 소독하여 위생적으로 사용 |
| 눈썹칼  | • 눈썹 정리(윤곽을 잡아 눈썹을 제거하거나 잔여 눈썹 제거 용)<br>• 비스듬히 뉘어 사용하며 최근에는 전동식 사용<br>• 사용 전후 소독하여 위생적으로 사용할 것 |
| 면봉 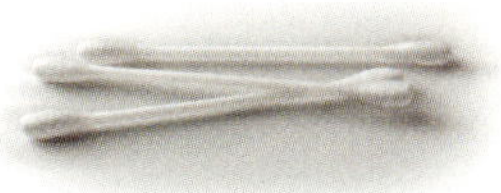 | • 부분 메이크업이나 세심한 수정 시 사용<br>• 머리가 둥근 것과 뾰족한 것이 있음<br>• 목재로 된 것과 플라스틱, 종이로 된 것이 있음 |

## 3. 실제 메이크업 테크닉

각 얼굴형의 특징을 잘 파악하고 얼굴형에 맞는 하이라이트와 셰이딩, 아이브로우와 아이섀도, 블러셔 등의 실제메이크업 테크닉을 알아보도록 한다.

〈 표 13-15 〉 얼굴형에 따른 메이크업

| 구분 | 얼굴형 | | 메이크업 테크닉 |
|---|---|---|---|
| 둥근형 | 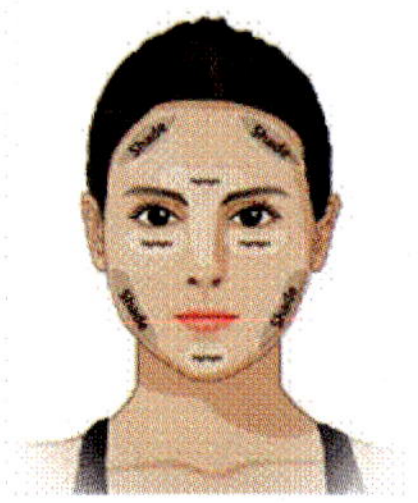 | • 동안으로 보이는 얼굴형으로 귀여움이 장점이지만 통통한 볼살을 갸름하게 보이는데 초점 | • **Base** 양볼에 길게 셰이딩, 하이라이트 T-zone은 길게<br>• **Eye** 상승형 눈썹, 눈꼬리쪽 사선터치로 그라데이션<br>• **Blusher** 관자놀이에서 입꼬리 향하여 사선터치로 세로느낌 강조 |
| 역삼각형 | 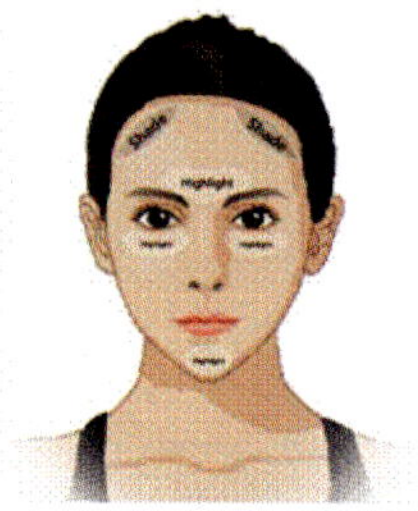 | • 이마는 넓고 턱이 뾰족한 얼굴형으로 넓은 이마는 좁혀주고 뾰족한 턱은 부드럽게 | • **Base** 넓은 양쪽 이마와 뾰족한 턱끝부분 셰이딩, 양볼에 하이라이트<br>• **Eye** 아치모양의 둥근형눈썹, 밝은 파스텔 계열의 컬러로 가로터치<br>• **Blusher** 광대 윗부분 약간 갸름하게 |
| 긴형 | 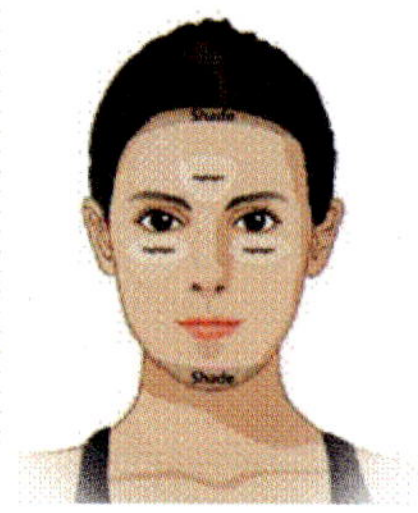 | • 가로폭이 좁아 길고 성숙한 이미지로 길이는 줄여주고 얼굴좌우에 볼륨감 | • **Base** 이마와 턱끝부분에 셰이딩, 양볼에 하이라이트 처리<br>• **Eye** 일자형눈썹, 가로터치 섀도, 아이라인을 눈길이보다 좀 더 길게<br>• **Blusher** 광대 바깥쪽에서 눈앞머리를 향하도록 터치 |
| 사각형 | 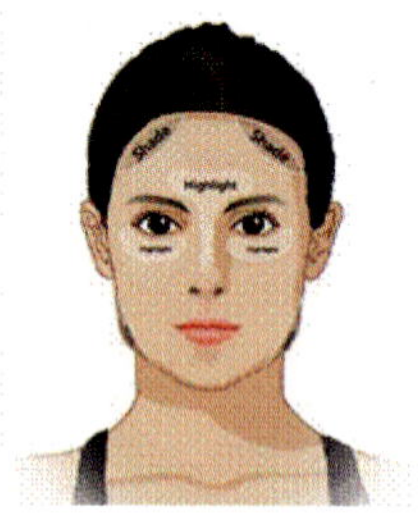 | • 활동적이고 남성적인 느낌을 주는 얼굴형으로 다소 부족한 여성스러움을 부여하여 부드러운 얼굴형으로 수정 | • **Base** 각진 양이마와 턱끝부분에 셰이딩처리, 이마에서 콧등, 아래턱까지 길이 강조<br>• **Eye** 둥근형 눈썹, 아이홀쪽으로 곡선느낌이 나도록 그라데이션<br>• **Blusher** 턱을 향해 둥근 느낌이 나도록 약간 넓게 터치 |

## 4. 특수 분장

### 1) 분장의 이해

#### (1) 분장의 정의

분장(扮裝)은 한자로 나눌 분(扮)과 갖출 장(裝)으로 '서로 나누어진 것을 만든다(갖춘다) 또는 이루어진다', '나누어진 모든 것을 알맞게 챙겨 완전히 갖추도록 한다'를 의미한다. 분장은 일반적으로 얼굴을 꾸미는 것으로만 국한하는 것이 아니라 보다 넓은 의미의 분장에 대한 이해가 필요하다.

작품 내에서 독자적으로 보여지는 것이 아니라 작품을 이루는 각각의 요소들과 함께 어우러져 그 내용을 올바르게 전달하는 데 도움이 되어야 한다. 즉, 분장은 배우를 대본이 요구하는 내용이나 상황에 맞게 가시적(Visual)으로 표현함으로써, 관객들에게 등장인물의 종족, 시대, 배경, 성격, 나이, 건강, 경제적 기반이나 환경 등을 더욱 쉽게 이해할 수 있도록 도와주는 표현이다. 그래서 분장을 제2의 연기력이라고도 한다.

#### (2) 분장의 목적

분장의 본질적인 목적은 배우를 배역 인물로 표현하는데 가장 외형적인 의사 전달 수단으로써 배우의 모습을 정확하게 역인물화시켜 관객들에게 필요한 성격적 사실을 이해시키기 위한 배역(성격)을 창조하는 것이다. 배우를 극중 인물화 하기 위하여 시대, 민족, 연령, 성격, 건강, 사회적 환경 등을 시각적으로 표출해 냄으로써 배우가 창출해 내려는 극중 인물의 외적인 면을 관객에게 보여주는 중요한 구성 요소 중 하나이다.

### 2) 분장의 분야

분장은 크게 무대 분장, 영상매체 분장으로 나누지만 이는 편의상 나눈 것이지 각 분야의 한계를 명확하게 구분 짓기는 어렵다.

### (1) 무대 분장

무대는 분장이 가장 먼저 상업화, 기술화, 대중화된 분야로 극장의 크기와 극의 종류에 따라 매우 다양하므로 많은 현장 경험이 필요한 분야이다.

배우와 관객 사이의 거리, 무대 조명을 고려한 분장, 무대 전환에 따른 분장 변화 방법도 고려해야 한다.

무대극은 유형별로 무대형태에 따라 분류한다. 우선 유형별로 분류하면 창작극, 창극, 번역극, 아동극, 오페라, 마당놀이, 악극 , 종교극, 무용극 등이 있다. 무대형태는 극장의 규모에 따라 소극장, 중극장, 대극장으로 나눈다.

〈 표 13-16 〉 무대형태의 분류

| 극 장 | 특 징 |
|---|---|
| 소극장<br>(소형무대) | • 500석 이하<br>• 세종문화회관 소극장, 국립극장 소극장, 연강홀, 동숭아트센터 소극장 등 |
| 중극장<br>(중형무대) | • 500~1000석 가량의 극장<br>• 문예회관 대극장, 호암아트홀 |
| 대극장<br>(대형무대) | • 1000석 이상 규모의 극장<br>• 국립극장 대극장, 세종문화회관 대극장, 예술의 전당 오페라극장 등 |

### (2) 영상매체 분장

영상으로 보여지는 것을 카메라나 브라운관 등 각종 기자재를 통해 하나의 드라마나 작품으로 완성하여 시청자에게 전달하는 것이다. 분야는 교양 프로그램, 다큐멘타리, 쇼 프로그램, 드라마, 특집극, 영화 등이 있다.

## 3) 분장과 조명

### (1) 시간대별 조명과 분장

무대 분장에서는 한낮에도 저녁 시간대의 분장을 필요하고 새벽의 시간대를 표현해야 하는 경우가 많다. 조도가 낮은 저녁 시간의 분장은 피부색보다 옅은 파운데이션과 약간 어두운 파우더로 자연스러운 실물을 만들어야 한다. 반면 일광 아래서의 분장은 실제 분장보다 2배정도 두껍게 보이므로 분장이 과장되지 않도록 흰색이 많이 포함된 색상은 피한다. 또한 되도록 윤곽을 드러내는 것은 피하고, 한낮의 광선이 너무나 명확하게 드러나 보이므로 주의한다.

### (2) 무대 조명

무대에서는 24시간 즉, 하루 동안의 시간을 표현하려고 조명을 사용한다. 해가 떠오르는 아침을 표현하기 위해 적색의 조명을 사용, 그 외 직사광선을 받지 않는 곳은 청색을 써서 밤기운을 나타낸다. 한낮의 시간대 표현은 태양의 직사광선을 받는 곳은 백색을, 그 외 직사광선을 받지 않는 곳은 황색을 사용한다.

저녁은 해가 져서 노을이 진 부분은 적색을 써서 붉게 만들고, 직사광선은 받지 않는 곳은 주황색을 사용하며, 밤에는 청색 이외에는 사용하지 않는다.

## 4) 분장계획

분장계획은 작품분석부터 시작된다. 대본(극본)을 충분히 숙지하여 인물(캐릭터)에 대한 사항들을 완벽히 파악해야 한다.

등장인물(캐릭터)에 관한 전반적인 사항을 분석할 때는 국가 및 인종적 분류, 역사적 흐름에 따른 시대 파악, 지리적 배경은 물론이고 등장인물의 나이 및 인성과 기질, 습관 등도 파악을 해야 한다. 이렇게 등장인물 캐릭터 분석이 끝나면 연기자의 신체적 특성과 얼굴 형태, 헤어스타일, 무대 의상 등을 파악하고 등장인물을 스케치한 후, 스탭(staff) 및 연출자 등과 협의하여 수정과 보완 작업을 한다. 수정과 보완의 작업을 거친 후 작품의 특성이나 상황을 고려하고, 기술적인 요소를 더하여 분장을 시행한다.

/ MEMO /

CHAPTER **14**

# 컬러와 퍼스널컬러

**학습 목표**

컬러에 기본적인 특성을 이해하고, 색에 대한 감각을 고조시키고 신체 고유색을 파악하여 퍼스널컬러를 진단함으로써 자신과 어울리는 색을 조화롭게 연출할 수 있다.

# 1. 컬러이미지의 이해

## 1) 컬러의 특성

색은 우리 생활 속에서 과학적, 비과학적 세계에서 이성과 감성을 포함하고 있다. 이러한 컬러에 대한 이미지는 국가와 기업의 이미지뿐만 아니라 한개인의 외적인 면과 내면의 정서를 나타낸다.

색의 지각은 대상물에 제공된 가시광선의 빛이 반사되어 눈의 망막을 자극하고 이를 인지하여 대뇌에서 판단하는 과정으로 일어나는 것이다. 색의 인지과정은 광원(빛), 대상물, 시각기관(눈) 및 이를 판단하는 대뇌의 각 요소의 물리적, 생리적, 심리적, 미적 현상과 사회·문화적 특징을 포괄하는 것으로 인간의 삶에 다양한 영역에 영향을 미친다. 따라서 색채에 관한 본질적인 연구와 색에 관련된 여러 문제를 연구하는 색채학은 화학, 물리학, 생리학, 심리학, 미학 등의 여러 학문분야에서 통합적으로 연구되어야 하는 종합적 학문이다.

〈 그림 14-1 〉 색채지각의 3요소

### (1) 색의 개념

아이작 뉴턴(Isaac Newton)은 17~18세기 영국의 물리학자로서 색은 빛으로부터 나와 물체에 반사, 투과, 흡수되어 나온다고 하였다. 수많은 실험 후에 그는 빛이 몇 가지의 다른 색들로 구성되어 있음을 밝혀냈고, 프리즘을 이용하여 굴절시킨 결과, 가시광선의 스펙트럼에 의해 빨강, 주황, 노랑, 초록, 파랑, 남색, 보라색의 7가지 색으로 구별되는 것을 증명하였다.

토마스 영(Thomas Young)과 독일의 헬름홀츠(Helmholtz)는 우리 눈의 망막조직에는 빨강, 초록, 파랑의 색지각 세포가 있고, 색광을 감광하는 시신경 섬유가 있어 이 세포들의 혼합이 시신경을 통해 뇌에 전달됨으로써 색을 지각하는 가설을 설립하였다.

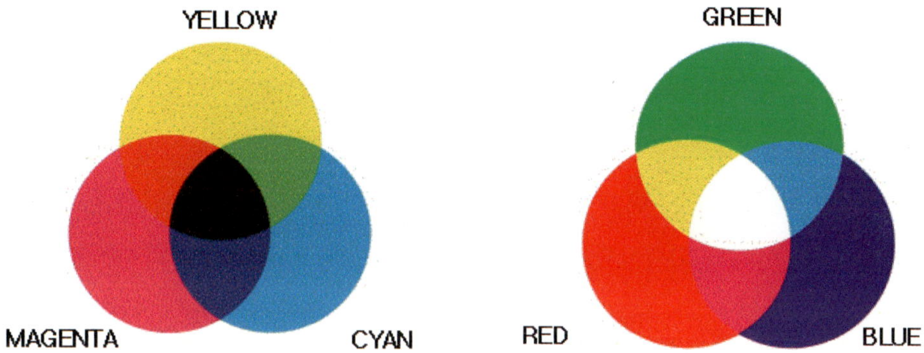


〈 그림 14-2 〉 색의 3원색 & 빛의 3원색

무한에 가까운 미묘한 색들 속에서 인간의 눈으로 구별하는 색은 대략 200만 가지이다. 이들 유채색은 색상과 채도 및 명도 등의 물리적 특성에 따라 색이 가지고 있는 성질과 기능이 있으며, 사람마다 차이는 있지만, 공통으로 인지하는 감정과 기능이 다르다. 색을 통해서 따뜻하고 차가운 느낌의 온도감, 가볍고 무거운 느낌의 중량감, 팽창과 축소감, 진출과 후퇴의 감정을 느낄 수 있다.

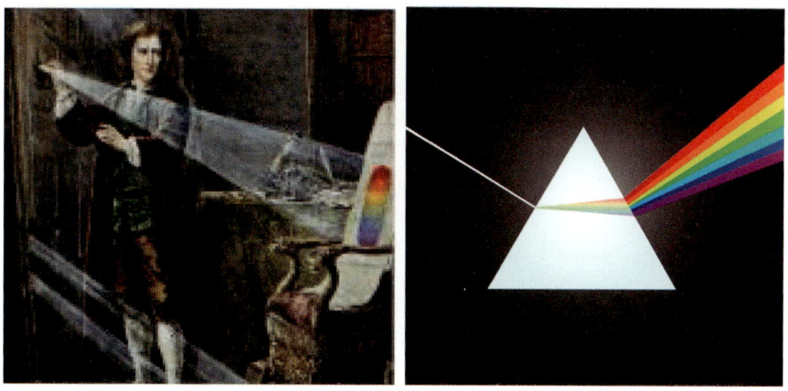

〈 그림 14-3 〉 색채지각에 의한 뉴턴의 분광실험

### (2) 색의 3속성

색은 인간의 주관적 측면과 관계가 있으므로 색감, 밝고 어둡기, 선명도 등의 인상을 수반한다. 색을 표현하는 색의 3속성은 색을 구별하는 색상, 색의 밝고 어둠을 표현하는 명도, 색의 맑고, 탁함을 나타내는 채도로 구분된다.

① **색상**(Hue)

색상은 빨강, 노랑, 파랑 등의 감각에 따라 색채를 구별하기 위한 것으로 색이 가진 독특한 성질을 나타낸다. 가시광선에서 볼 수 있는 유채색은 빨강, 주황, 노랑, 녹색, 파랑, 보라 등의 색감으로 빛의 파장차이에 따라 색상을 순환적으로 배열하면 색상환(Hue Circle)이 된다. 빨강, 노랑, 녹색, 파랑, 보라 5가지 색을 기본으로 중간색을 첨가한 10가지 색상이 이루어지고 10색상환에서 중간색을 첨가하여 20색상환이 만들어진다.

② **명도**(Value)

명도는 색밝기의 척도 즉, 밝고 어두운 정도를 말하며 빛의 반사율이 높으면 명도가 높다. 명도가 가장 높은 색을 흰색이라 하고 명도값을 10으로 표기한다. 가장 어두운색, 즉 명도가 가장 낮은 검정을 명도값 0으로 표기하여 총 11단계로 나뉜다. 하지만 실제 명도 N0과 N10은 존재하지 않는다. 가장 어두운 검정의 저명도는 N0이 아니라 N1.5이고, 가장 밝은 흰색의 고명도는 N10이 아니라 N9.5이다.

③ **채도**(Chroma)

채도는 색상의 맑고, 탁함, 순색의 강약, 색상의 포함 정도를 뜻하는 것으로 색 파장의 순수한 정도를 나타낸다. 색의 선명도인 채도는 어떤 색채 속에 색상의 속성이 어느 정도 포함되어 있는가이다. 이것은 유채색의 순수한 정도를 뜻하기 때문에 순도라고 하며, 한 색상에서 채도가 높은 색을 순색(무채색이 섞이지 않은 순수한 색)이라고 한다. 또한, 채도는 순색에 가까울수록 채도가 높아지고, 무채색이나 다른 색이 섞일수록 채도는 떨어진다. 순색에 검정과 흰색이 섞이면 청색이라 하는데 흰색이 섞이면 명(明)청색, 검은색이 섞이며 암(暗)청색이라 한다.

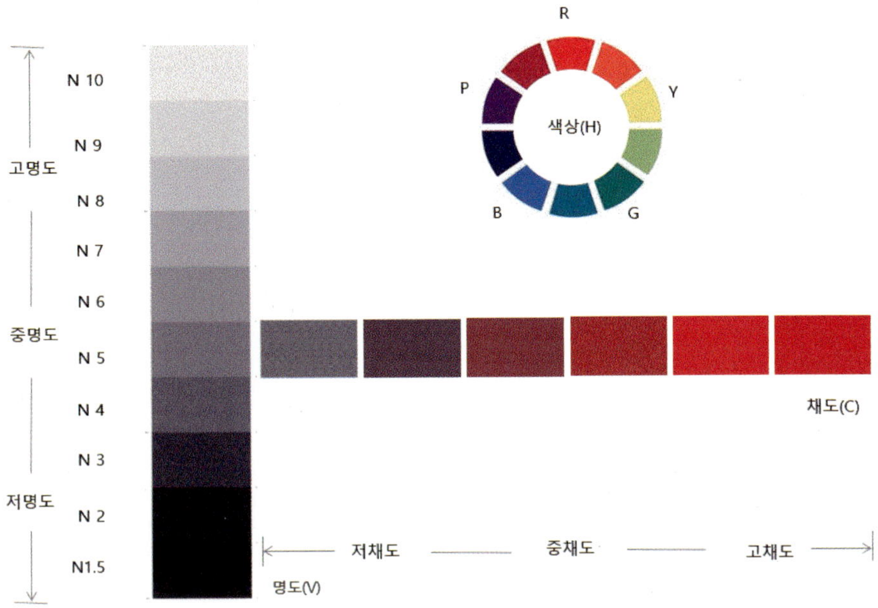


〈 그림 14-4 〉 색의 3속성

## 2) 컬러이미지 분류

컬러는 지구상에 존재하는 가장 흥미로운 것 중 하나로 매우 감각적이며 인간의 정서 상태를 즉각적으로 변화시킨다. 색은 컬러의 이미지, 연상, 상징성에 따라 세계 공통으로 인지되어 때로는 언어보다도 빠르게 커뮤니케이션을 할 수 있다. 또한, 컬러는 개인의 경험, 문화, 교육 수준, 성향이나 성격 등 감성적인 차이의 정도에 따라 다르게 인지되기도 한다. 이러한 감정차이는 본능 또는 대상으로 문화적 경험의 판단으로 다양한 연상작용을 형성한다.

### (1) 컬러에 따른 이미지 분류

일상생활 속에서 우리는 색을 통해 감정적, 시각적인 커뮤니케이션이 익숙해져 있다. 컬러는 색상의 종류에 따라 그 특성을 분류해서 색의 명암, 강약, 농담 등으로 색상을 구분하여 설명할 수 있다.

① **레드**(Red)

에너지와 힘, 감각과 열정, 본능을 자극하는 빨강은 주목성이 강한 컬러이다. 문명이 시작되기 이전부터 사람들은 태양을 붉은색으로 표현할 만큼 레드는 역동적인 색이다. 빨강은 진출색이며 팽창색이므로 체격이 크면 피하고, 착용 시에는 면적을 작게 하도록 한다. 이 색을 선호하는 사람은 외향적이고 적극적인 성향이 강하다.

② **오렌지**(Orange)

생명력을 불어넣는 오렌지는 빛의 컬러로 행복하며 즐거움을 주는 색이다. 빨강의 화려함과 노랑의 따뜻함을 가지고 있는 주황색은 식욕을 자극하고 친근함과 사교적인 느낌을 준다. 일상생활에서 이색은 젊음과 활력, 명랑함의 매력을 지니고 있어 활동성이 있는 스포츠웨어에 주로 활용된다. 오렌지색을 선호하는 사람들은 사교적이고 의욕적이며 사람들을 즐겁게 하는 성향을 가지고 있다.

③ **옐로**(Yellow)

빨간색만큼이나 주목성이 강한 색으로 태양의 컬러로 밝음과 활동성, 명랑함을 대표하는 컬러이다. 순색의 노랑은 눈에 잘 띄는 성질 때문에 안전, 어린이 보호차량 등 위험, 안전을 인지해야 하는 물체에 자주 사용된다. 노란색을 선호하는 사람은 개성표현이 강하고, 모험가적 성향이 높으며, 자유롭고 새로운 것을 찾아내려는 성향과 사회의 지도자가 되고 싶어하는 성향이 있다.

④ **그린**(Green)

자연에서 볼 수 있는 녹색은 봄의 새싹인 연두색부터 늦여름 숲의 짙은 초록색까지 자연의 색을 말한다. 색의 온도감에서도 중성적 특성이 있어 그 어떤 색보다도 평온함을 느낄 수 있게 하거나 감정의 균형을 회복시키며 편안한 스타일연출에 효과적이다. 하지만 녹색을 너무 많이 쓰게 되면 고립감을 느낄 수 있으니 적절한 활용으로 균형감을 맞춘다. 이 색을 선호하는 사람은 예의가 바르고 성실하며 평화주의자 성향을 띤다.

⑤ **블루**(Blue)

푸른 하늘과 바다를 연상하게 하는 고요하고 평화로운 컬러인 파란색은 세계적으로도 기호가 가장 높은 색이다. 지적인 이미지를 주고 마음에 침착함과 냉정함, 순수함을 심어주어 사적인 감정보다는 공정하게 행동하도록 도와준다. 블루는 신뢰감, 책임감을 상징하므로 공공기업에서 로고 디자인에 많이 사용되는 대표적인 컬러이다. 어두운 파랑은 신뢰와 보수적인 색으로 슬픔과 냉정, 소극적이다. 이 색을 선호하는 사람은 논리적이며 체계적인 성향을 가지고 있다.

⑥ **퍼플**(Purple)

보라색은 정신적이고 감각적인 에너지와 연관된 직관력, 창조성, 영적 승화 등 예술적인 컬러이다. 이색의 상징은 정열적이고 따뜻한 레드와 차갑고 냉정한 블루, 2가지 색의 혼합으로 얻어지는 컬러로 감정과 이성의 조화를 표현하며 치유와 봉사, 높은 정신력을 의미한다. 흰색과 혼합되었을 때는 화사하고 여린 이미지를 주고, 검정과의 혼합에서는 신비스러운 이미지를 나타낸다. 감수성이 풍부하고 예술적 감성이 뛰어난 사람들은 보라색을 선호한다.

⑦ **핑크**(Pink)

분홍색은 우아한 아름다움과 여성스러움을 대표하는 컬러로 명도와 채도에 따라서 다양한 메시지를 담고 있다. 파스텔핑크나 로즈핑크는 귀엽고 여성스럽다면, 파스텔핑크를 사용하게 되면 남성에게는 부드럽고 순수한 이미지를 줄 수 있다. 진한 분홍은 열정적이고 강렬한 느낌을 전달한다. 레드빛이 강한 체리핑크나 마젠타(Magenta) 컬러는 포용과 보호의 모성애 컬러인 동시에 주인공이 되고자 하는 마음을 대변하기도 한다. 이 색을 선호하는 사람은 사랑이 많고 고된 일상에 지친 사람이 선호하는 색이기도 하다.

⑧ **화이트**(White)

흰색은 가장 순수한 색으로 모든 빛을 다 합치면 흰색이 된다. 즉 대상물에 비친 빛의 색을 모두 반사하는 흰색을 여름철에 활용하면 시원하고 청량한 코디네이션을 연출할 수 있다. 기품이 있고 세련된 화이트는 원칙을 지켜가면서 솔직한 감정과 생각을 정화하여 우리의 심신을 부드럽게 하지만, 지나치면 두려움이나 긴장감을 발생시킬 수 있으니 주의해야 한다. 이 색을 선호하는 사람들은 순수하고 성실하며 완벽주의자 성향을 보인다.

⑨ **그레이**(Gray)

회색은 모든 색 중에 가장 자극이 적고 수수한 색으로 어떤 색과 함께 사용하더라도 배색할 수 있고 다른 색을 돋보이게 한다. 오랜 세월의 흔적이나 노년의 원숙함을 표현하는 쓸쓸함이 연상되기도 하지만 안정감과 차분한 이미지도 있어서 도회적인 세련미도 가지고 있다. 회색을 선호하는 사람들은 자칫 밋밋한 컬러로 자기주장보다는 소극적인 성향으로 보일 수 있지만 세련되고 세밀한 성격의 소유자로 타인을 배려하는 마음이 크다.

⑩ **블랙**(Black)

검은색은 모든 색이 합쳐진 색으로 다른 색을 흡수한다. 또한 중후한 무게감과 절제된 품위가 있는 색채로서 카리스마가 느껴지도록 한다. 블랙은 현대적이고 세련되어 다른 색과도 잘 어울리는 색으로 화이트와의 배색이 가장 기본이 되며, 이러한 모노톤(Mono Tone)은 모던한 이미지를 연출한다. 블랙은 다른 색과의 명도차이로 배색이 잘되며, 축소하는 역할을 하므로 체형을 바로잡아 주는 효과가 있다. 이 색을 좋아하는 사람은 자신을 먼저 잘 드러내지 않고 자존심이 강한 편이다.

〈 표 14-1 〉 컬러의 상징성

| 색상 | | 긍정적 이미지 | 부정적 이미지 |
|---|---|---|---|
| 레드 |  | 열정, 힘, 에너지, 사랑, 권력, 역동적, 다이나믹, 신의, 용기, 순교, 근면, 존중 | 불, 위험, 분노, 공격성, 금지, 잔인, 호색, 잔혹, 편견, 악평, 경고 |
| 오렌지 |  | 사교적, 친근함, 따스함, 온화, 대중적, 활력, 생명력, 만족, 즐거움, 젊음, 생기, 강인함, 용기 | 허풍, 건조, 천박함, 귀찮음, 과시, 횡포, 협박, 방종, 억지 |

| | | | |
|---|---|---|---|
| 옐로 |  | 희망, 밝음, 활발함, 에너지, 즐거움, 화사함, 영광, 부, 민첩, 공명정대, 편견 없음 | 시기, 질투, 배신, 이기심, 유치함, 천박함, 경솔함, 비탄, 냉소, 애매함, |
| 그린 |  | 생명력, 건강함, 편안함, 다정, 효과적, 자연, 조용함, 안정, 유능 | 단조로움, 미숙함, 의심, 분노, 탐욕, 평범, 의심, 둔함 |
| 블루 |  | 이성, 신뢰, 책임감, 논리력, 시원함, 솔직함, 비전, 성실, 지혜로움, 신성 | 슬픔, 차가움, 우울, 내성적, 소극적, 냉정함, 냉담, 허약, 고집, 정서불안 |
| 퍼플 |  | 신비로움, 환상적, 예술성, 감수성, 고귀함, 우아함 | 고독, 허영심, 불안, 신경과민, 슬픔, 죽음, 무자비, 비열함 |
| 핑크 | 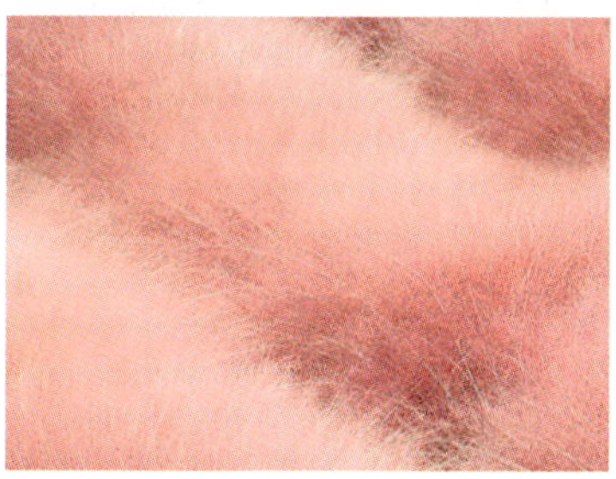 | 모성애, 사랑, 애정, 부드러움, 소녀다움, 로맨틱, 행복, 건강함 | 유치함, 연약함, 경박함, 촌스러움 |

| | | | |
|---|---|---|---|
| 화이트 |  | 신성함, 순결, 순수, 순진, 결백, 정결함, 맑음, 거룩함, 박애, 청결, 완벽, 평화 | 결벽, 가벼움, 죽음, 미성숙, 은둔, 냉혹, 엄격, 실패, 완고 |
| 그레이 |  | 도회적, 세련미, 모던함, 중후함, 은은함, 금욕, 수수함 | 무기력, 우울, 우유부단함, 기회주의, 노년의 쓸쓸함, 불안함 |
| 블랙 | 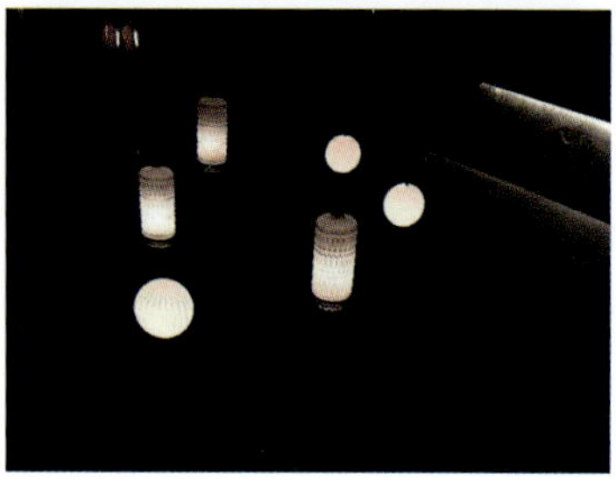 | 중후함, 힘, 클래식, 권력, 에너지, 흡수, 예술적, 이상주의자 | 공포, 죽음, 슬픔, 보수적, 고난, 절제, 인색함, 거만, 속박 |

### (2) 톤에 의한 분류

톤(Tone)이란 명도와 채도를 통합한 것으로 색의 밝고 어두움과 강약에 따른 차이를 복합개념으로 색의 3속성을 모두 포함 있는 집합체이다.

우리나라에서는 한국산업규격 KS톤 분류체계와 일본 색채연구소의 톤의 분류(PCCS : Practical Color Coordinate System)를 사용하고 있다. 한국산업규격으로 정의한 유채색 및 무채색의 색조 분류체계로 유채색 13단계와 무채색 5단계로 구분된다. 톤의 분류는 13개의 감성으로 색을 분류하여 같은 범위의 명도와 채도값을 갖는 비슷한 감성으로 표현될 수 있다. 톤은 가로축이 채도, 세로축이 명도로 가로축과 세로축이 만나는 점의 명도와 채도값이 모여 톤이 된다.

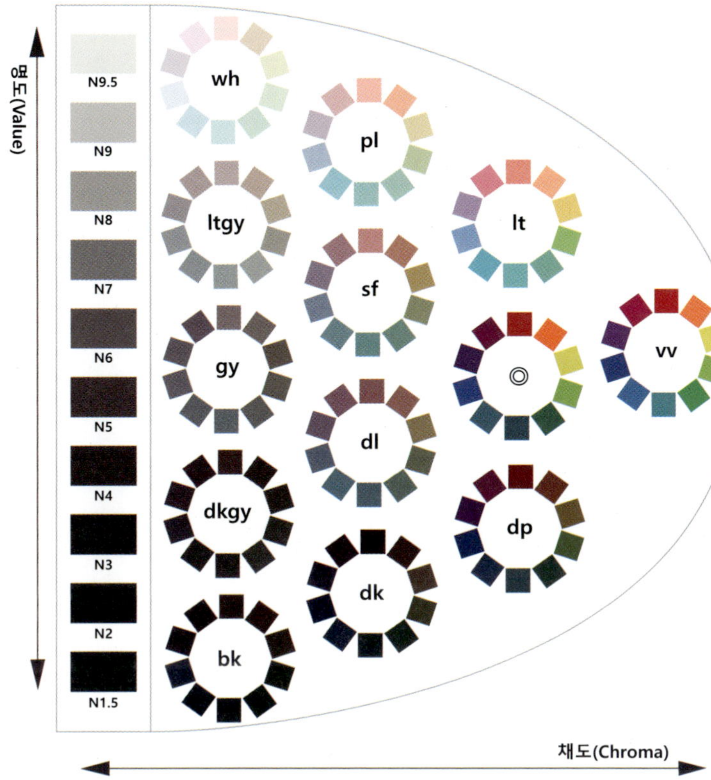


〈 그림 14-5 〉 KS 톤의 분류

① **비비드**(Vivid)

비비드톤은 톤의 기준이 되는 가장 선명한 색조로 중명도, 고채도의 원색으로 구성된 선명하고 강렬한 색조이다. 가장 채도가 높은 비비드 톤은 시각적으로 강렬하여 자극적이 메시지에 효과적으로 활용된다.

자유분방한 화려함과 적극성, 활동적이고 자극적인 이미지를 주는 비비드톤은 스포티한 캐주얼감성, 팝 스타일 등 액티브한 연출에 적합하다.

② **스트롱**(Strong)

KS 표준색에서 기본색으로 스트롱톤은 비비드톤보다는 채도가 조금 낮은 색조로 비비드톤의 경쾌함보다는 강한 느낌이 조금 더 강하다. 즉, 명도는 같으나 아주 소량의 검정색이 섞여져 채도가 한 단계 정도 낮다. 비비드톤처럼 강렬하고 역동적이고 액티브한 색감으로 민속풍의 화려한 이미지에 자주 사용한다.

③ **라이트**(Light)

라이트톤은 기본색에 소량의 흰색을 혼합하여 얻은 고명도, 중채도의 색조합군이다. 이 톤은 혼합된 흰색의 양에 따라 색의 기운은 약해지고 밝고 부드러운 이미지를 주기 때문에 파스텔톤이라고도 한다. 라이트톤은 귀엽고 밝은 색조로 유아나 아동 대상의 제품에 적합하며, 로맨틱함과 함께 가볍고 산뜻한 이미지에 활용된다.

④ **페일**(Pale)

페일톤은 라이트톤보다 흰색의 양이 조금 더 섞여져 색 자체가 연하다. 이 톤은 채도는 아주 낮지만, 명도가 높은 편이어서 부드럽고 가벼운 색으로 청순함을 지닌 여성스럽고 맑은 이미지를 표현하는 데 적합하다. 톤의 활용도는 밝고 감미로운 섬세함과 소프트한 느낌이 강해 고급스러운 배색에 자주 적용된다.

⑤ **화이티시**(Whitish)

화이티시톤은 저채도, 고명도의 색으로 페일톤보다 흰색의 혼합량이 많다. 주로 저채도의 순수하고 맑은 이미지를 지니고 있으므로 연약한 이미지를 부각하기 위해 사용된다. 이 톤은 유채색 중에서 가장 밝고 연한 톤으로서 색감이 강하지 않아 여린 이미지로 로맨틱한 디자인에 이상적이다.

⑥ **소프트**(Soft)

소프트톤은 순색에 밝은 회색을 혼합한 것으로 중명도와 중채도의 색감이다. 비비드의 선명함은 덜하지만, 색의 느낌은 자연스럽고 밝고 부드러운 색조이다. 이 톤은 차분하고 온화한 이미지, 부드럽고 은은한 이미지, 편안하고 내추럴한 이미지에 주로 사용된다.

⑦ **덜**(Dull)

덜톤은 순색에 중간 회색을 섞은 톤으로 소프트톤과 비교하면 좀 더 가라앉은 느낌으로 중간 정도의 명도와 채도를 지니고 있어 격식있고 차분한 느낌의 색조이다. 안정감이 있고, 중후한 느낌의 이 톤은 색 바랜 소프트톤으로 오래된 가구, 자연소재의 고풍스러운 이미지를 보여 고상한 클래식 스타일이나 인테리어에 적합하다.

⑧ **딥**(Deep)

순색에 약간의 검정이 섞인 딥톤은 저명도, 고채도의 색으로 고풍스러운 이미지로 진하고 강한 특징을 가진다. 이 톤은 중간 이상의 채도와 낮은 명도로 스트롱톤보다 깊고 짙은 톤으로 고상하고 세련된 색조로서 착함, 충실함, 중후함의 전통적인 클래식한 이미지를 지닌다.

⑨ **다크**(Dark)

다크톤은 검은색이 많이 가미되어 저채도의 무거운 색조로 톤 중에서 가장 어두운색이다. 품위가 있고 무게감이 느껴지는 다크톤은 중후한 클래식과 매니시한 느낌의 남성적인 이미지가 강하여 비즈니스룩에 주로 이용된다. 또한 저명도, 저채도의 색조로 공간이 축소해 보이며, 색상은 강하게 나타나지 않으므로 다양한 배색에 적용된다.

⑩ **블랙키시**(Blackish)

저명도, 저채도의 무거운 블랙키시 톤은 순색의 느낌이 아주 소량 포함하고 있는 검정에 가깝다. 이 톤은 대체로 검정에 가까우며, 딱딱한 남성적인 색감으로 흰색과의 조합에서는 모던한 이미지를 주고 비비드톤과의 배색에도 잘 어울린다.

⑪ **라이트 그레이시**(Light Grayish)

라이트 그레이시톤은 라이트톤에 밝은 회색을 섞어 만들어진 색의 조합으로 은은하고 세련된 이미지를 지닌 중명도, 저채도의 색이다. 이 톤은 수수하고 온화하여 편안한 느낌의 이미지를 준다. 특히, 라이트 그레이시톤의 퍼플 컬러군은 세련된 우아함을 주고, 시크한 분위기를 연출하고 싶다면 라이트 그레이시 톤의 한색계열은 아주 효과적이다.

⑫ **그레이시**(Grayish)

그레이시톤은 덜톤에 중간 톤의 회색을 섞어 만든 중명도, 저채도의 탁색 그룹에 속한다. 또한 톤의 분위기는 침착하고 차분한 정적인 이미지와 함께 편안하고 자연스러운 이미지연출에 적당하다. 동시에 지적이고 세련미가 있으며, 도시적인 시크한 이미지로 다른 색과도 배색에 많이 활용된다.

### ⑬ 다크 그레이시(Dark Grayish)

다크 그레이시톤은 거의 검정에 가까운 짙은 회색이 섞인 저명도, 저채도의 톤으로 매우 어둡고 짙은 톤이다. 이 톤은 소박하고 생동감이 적어서 딱딱하고 견고한 무거운 느낌의 남성적인 이미지를 나타내고, 검정에 가깝지만, 검정과는 다르게 미묘한 신비감을 지닌다. 또한 화려한 비비드톤의 유채색과의 배색에서는 고급스러움을 연출할 수 있다.

〈 표 14-2 〉 톤의 이미지분류

| 톤 | 색상 구분 | 이미지 |
|---|---|---|
| 비비드<br>(Vivid) |   | • 고채도 원색의 선명하고 강렬한 색조<br>• 화려함, 적극성, 활동성, 자극성 |
| 스트롱<br>(Strong) |   | • 비비드톤보다 강한 색조<br>• 강렬함, 역동적, 액티브, 풍부함 |
| 라이트<br>(Light) |   | • 고명도, 중채도의 색조<br>• 귀여움, 밝음, 산뜻함 |
| 페일<br>(Pale) |   | • 저채도, 고명도의 색조<br>• 연약함, 청순함, 부드러움, 로맨틱, 여성스러움 |

| 톤 | 이미지 | 색상 | 특징 |
|---|---|---|---|
| 화이티시<br>(Whitish) |  |  | • 저채도, 고명도의 색조<br>• 순수함, 맑음, 연약함, 로맨틱 |
| 소프트<br>(Soft) |  |  | • 중명도, 중채도의 색조<br>• 부드러움, 자연스러움, 차분함, 온화함, 은은함, 밝음 |
| 덜<br>(Dull) |  |  | • 소프트톤보다 조금 가라앉은 색조<br>• 차분함, 클래식, 중후함, 전통, 고풍스러움, 고상함 |
| 딥<br>(Deep) |  |  | • 저명도, 고채도의 색조<br>• 고풍스러움, 중후함, 고상함, 충실함, 전통, 클래식 |
| 다크<br>(Dark) |  | 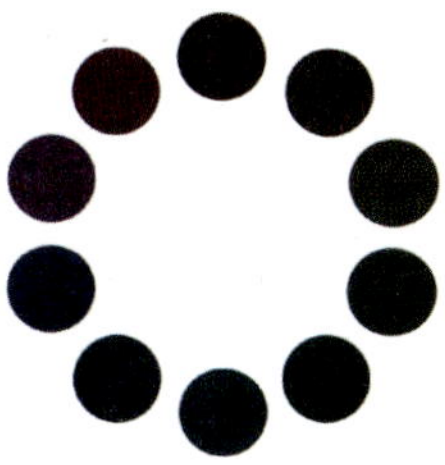 | • 저채도의 무거운 색조<br>• 남성적, 어두움, 중후함, 클래식 |
| 블랙키시<br>(Blackish) |  | 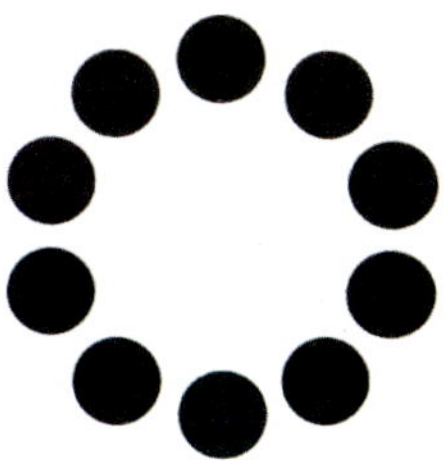 | • 저명도, 저채도의 무거운 색조<br>• 딱딱함, 남성적, 무거움, 모던함 |

| | | | |
|---|---|---|---|
| 라이트 그레이시 (Light Grayish) |  |  | • 밝은 회색이 혼합된 은은한 색조<br>• 수수함, 온화함, 편안함, 세련미 |
| 그레이시 (Grayish) |  | 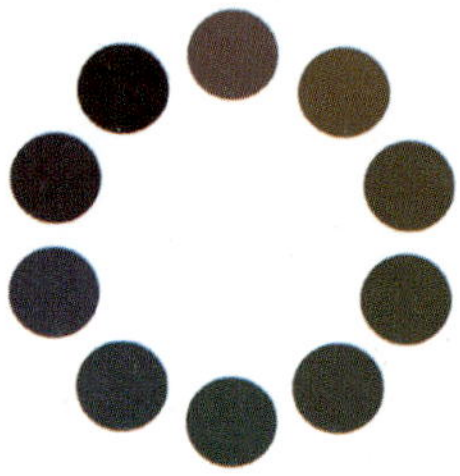 | • 중명도, 중채도의 탁한 색조<br>• 침착함, 차분함, 정적임, 편안함, 자연스러움, 지성미, 세련미, 시크 |
| 다크 그레이시 (Dark Grayish) |  | 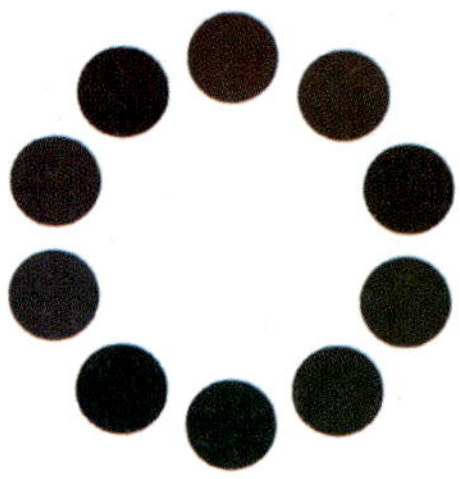 | • 저명도, 저채도의 매우 어두운 색조<br>• 소박함, 딱딱함, 견고함, 무거움, 남성적, 신비감, 고급스러움 |

## 2. 컬러의 배색

### 1) 배색의 개념

배색이란 2가지 이상의 색을 아름답게 배열하는 것이다. 배색은 단순한 색의 배열이 아닌 창조의 작업으로 목적에 맞는 효과를 얻기 위해서 규칙과 질서에 맞게 이루어져야 한다. 배색에 있어 가장 기본이 되는 방법은 색상과 톤의 조합이다. 색상은 같게 하여 통일감은 주되 톤은 반대로 하거나 색상은 변화를 주되 동일톤이나 유사톤으로 배색하면 통일감을 줄 수 있다.

## 2) 배색의 분류

### (1) 색상에 의한 배색

색상에 의한 배색은 색상, 명도, 채도의 3속성 중에서 색상에 중점을 두고 한다. 색상환을 기준으로 같은 색을 배색하면 동일색상 배색이고, 이웃한 색들끼리의 배색은 유사색상 배색이며, 마주 보고 있는 반대쪽 색상끼리의 배색은 반대색상 배색이 된다.

〈 표 14-3 〉 색상에 의한 배색

| 색 상 | 배색의 분류 | |
|---|---|---|
| 동일 색상의 배색 | 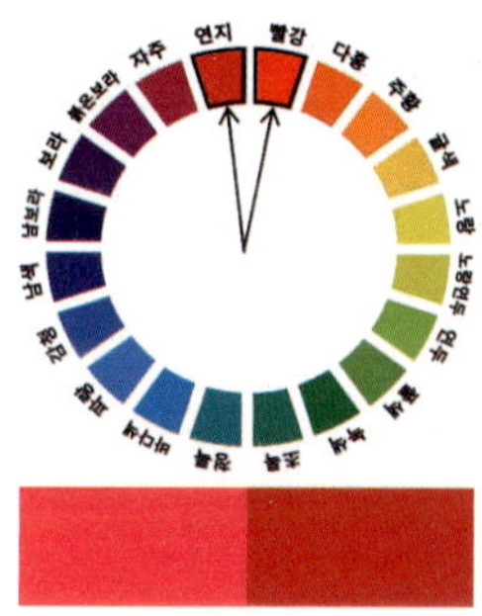 | • 같은 색상 내에서 명도와 채도의 변화를 배색하는 방법<br>• 이미지 : 차분함, 간결, 안정감, 통일감, 지루함<br>• 난색계열배색 ; 밝고 즐거운 분위기<br>• 한색계열배색 : 외롭고 적막한 분위기 |
| 유사 색상의 배색 | 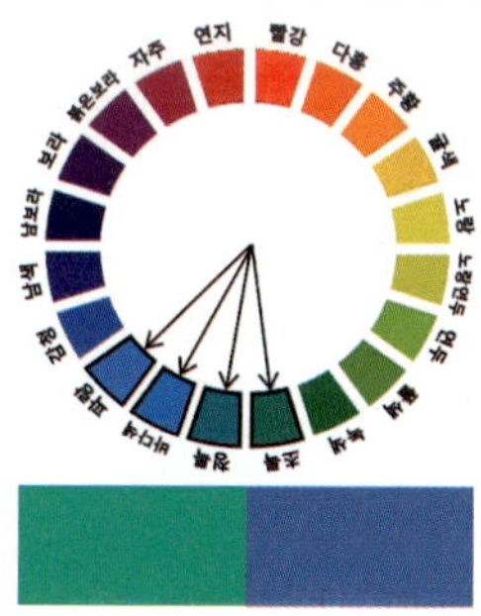 | • 색상환에서 인접한 색상끼리의 배색<br>• 이미지 : 자연스러움, 안정감, 부드러움, 통일감, 지루함 |
| 반대 색상의 배색 | 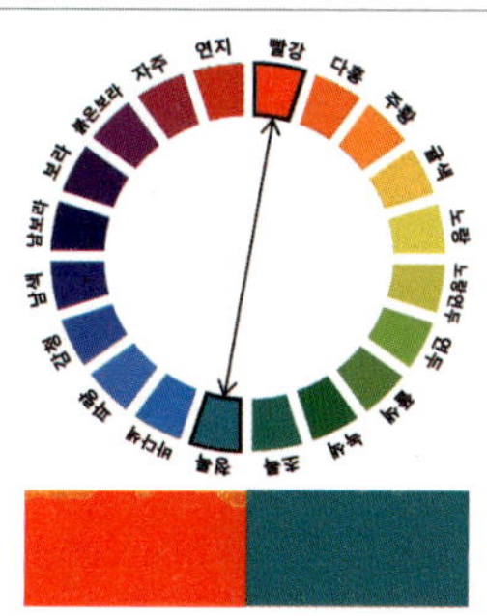 | • 색상환에서 서로 마주 보고 있는 색상끼리의 배색<br>• 이미지 : 강렬함, 화려함, 트렌디한 느낌 |

### (2) 톤에 의한 배색

톤은 명도와 채도의 복합개념으로 톤을 이용한 배색이다. 인접한 톤끼리 색상톤의 변화가 거의 없는 톤인톤(Tone in Tone)배색과 동일색상에서 농담의 변화를 준 톤온톤(Tone on Tone)배색이 있다.

〈 표 14-4 〉 톤에 의한 배색

| 톤 | 배색의 분류 | |
|---|---|---|
| 톤인톤 배색<br>(Tone in Tone) |  | • 색상은 다양하되, 유사한 톤끼리의 배색<br>• 안정적인 배색<br>• 이미지 : 생동감, 개성적, 온화함, 편안함 |
| 톤온톤 배색<br>(Tone on Tone) |  | • 하나의 색상에 톤의 차이를 두는 배색<br>• 그라데이션 배색<br>• 이미지 : 정돈되고 차분함 |

# 3. 퍼스널컬러의 이해

## 1) 퍼스널컬러의 개념

퍼스널컬러(Personal Color)는 개인이 가진 고유의 신체컬러로 피부색, 머리카락색, 눈동자색을 바탕으로 자신과 조화롭게 어울려 생기가 있어 보이게 하는 컬러를 말한다. 선천적으로 타고난 신체 바탕색에 따라 어울리는 사계절컬러(Four Season Color)를 기준으로 이미지를 연출할 때 이용된다. 퍼스널컬러 시스템은 어울리는 색을 찾는 하나의 수단으로, 이 진단을 기반으로 체형, 얼굴형에 따라 뷰티와 패션 아이템 등 컬러코디네이션을 통해 원하는 이미지를 만들어내는 효과가 있다.

심리학자 캐롤 잭슨(Carole Jackson)은 '컬러 미 뷰티풀(Color Me Beautiful)'이라는 저서에서 인간의 이미지를 4가지로 분류하여 색팔레트를 제안했다. 1980년대 중반에는 퍼스널컬러 시스템이 일본을 비롯한 아시아에도 확산하여 뷰티와 패션뿐만 아니라 가전, 인테리어 산업분야에도 적용되었다.

## 2) 퍼스널컬러의 진단

퍼스널컬러를 찾기 위해서는 여러 가지 방법이 있는데, 기본적으로 베이스컬러와 톤의 진단결과를 조합하여 어울리는 색을 찾아야 한다.

누구나 개인적으로는 좋아하는 색을 가지고 있다. 그러나 좋아하는 색과 어울리는 색은 다를 수 있다. 어울리는 색이란, 피부가 아름답고 건강해 보이며, 자신의 취미나 기호, 라이프스타일에 맞는 색이다. 좋아하는 색을 어울리는 색으로 동일화하는 것은 훈련과 학습으로 가능하다. 퍼스널컬러 이미지메이킹의 목적은 주관색으로서 퍼스널컬러를 제안하는 것이다.

### (1) 퍼스널컬러의 진단절차

퍼스널컬러 진단법은 신체색상과 가장 어울리는 자신의 색을 찾아내는 방법이다. 퍼스널컬러는 자신의 신체색상에 의해 결정되는데, 자신에게 맞는 색상을 선택하기 위해서는 자신의 신체색상에 따른 정확한 색채진단이 요구된다. 개인의 피부, 머리카락, 눈동자 등의 색과 어울리는 색채계열을 찾아내는 것으로 컬러드레이핑이나 컬러차트를 사용한다.

퍼스널컬러를 결정하는 요인인 신체색상은 기본적으로 따뜻한 색(Warm Tone)과 차가운 색(Cool Tone)으로 구분한 후, 신체색상 대비의 강·약에 따라 봄, 여름, 가을, 겨울의 4가지 타입으로 구분한다.

퍼스널컬러 진단프로세스는 아래의 도표와 같이 4단계로 설명할 수 있다.

〈 표 14-5 〉 퍼스널컬러의 진단절차

| 단계 | | 진단절차 |
|---|---|---|
| 1차 진단<br>색채감성도<br>진단 | 1단계 | • Color Emotion Test<br>– 색채에 대한 기호도와 선호도 조사를 위한 색채심리 테스트를 실시하여 각 색상에 대한 느낌 표시 |
| | 2단계 | • Color Reflection Test<br>– 4계절 색상이 주는 컬러의 느낌 분석 |
| | 3단계 | • Healing Color Test |
| 2차 진단<br>라이프스타일<br>진단 | 1단계 | • Image Check |
| | 2단계 | • Life Style Check<br>– 나이, 성격, 직업, 취향, 건강, 특성 등 개인의 생활환경분석 |
| 3차 진단<br>신체색상유형<br>분석 | 1단계 | • 신체색상 육안체크<br>– 피부색, 눈동자색, 머리카락색, 손목안쪽, 두피색 체크 |
| | 2단계 | • 신체색상 램프체크<br>– 중성빛의 진단램프를 통하여 신체색상 진단 |
| | 3단계 | • Warm & Cool 유형 구분 |
| 4차 진단<br>사계절의<br>드레이핑 | 1단계 | • 컬러드레이핑 진단<br>– 컬러진단 천의 모든 계절색으로 드레이핑 진단 |
| | 2단계 | • 4계절 컬러 유형분석<br>– 봄, 여름, 가을, 겨울 4계절 유형 분석 |
| | 3단계 | • 컬러이미지 스타일 분석<br>– 계절유형을 진단하고 체형 및 라이프스타일에 맞는 이미지와 스타일 분석 |

### (2) 퍼스널컬러 진단 결정요인

개인에게 어울리는 색을 찾는 퍼스널컬러의 진단을 위해 본인의 피부색, 머리카락색, 눈동자색, 뒷머리 두피색 및 손목 안쪽색을 이용한다.

〈 표 14-6 〉 퍼스널컬러 진단의 결정요인

| 퍼스널컬러 진단의 결정요인 | | 웜 & 쿨 |
|---|---|---|
| 피부색 | 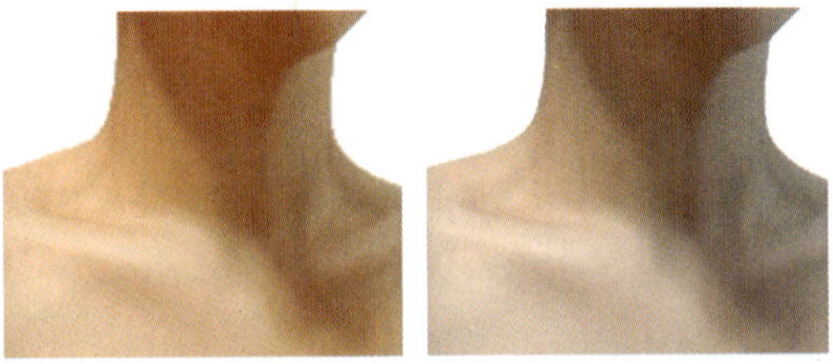 | • 인종과 환경, 지역에 따라 다름<br>• 멜라닌의 갈색, 헤모글로빈의 붉은색, 카로틴의 황색 등<br>• 태닝한 경우, 태닝 이전의 피부색을 기준<br>• 옐로베이스 : 옐로베이지계열<br>• 블루베이스 : 핑크베이지나 희거나 어두운 푸른계열 |
| 머리카락색 | 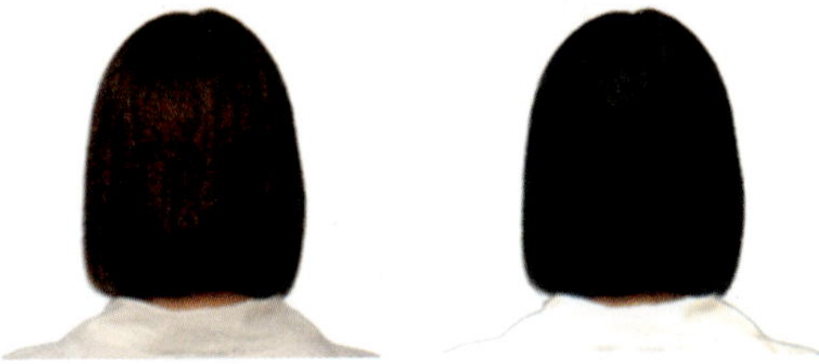 | • 유전적 요인, 환경, 인종에 따라 다름<br>• 멜라닌 색소합성의 정도에 따라 결정 : 흑갈색을 띠는 유멜라닌(Eumelanin), 황적색을 띠는 페오멜라닌(Pheomelanin)<br>• 옐로베이스 : 브라운계열<br>• 블루베이스 : 블랙계열 |
| 눈동자색 | 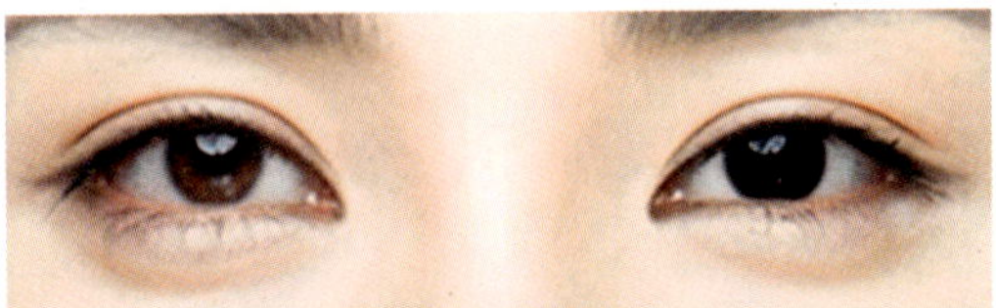 | • 홍채안 멜라닌색소의 빛깔과 혈관분포정도<br>• 홍채기질에 다량의 멜라닌색소가 다량함유 하면 갈색눈동자, 부족하면 파란색눈동자<br>• 옐로베이스 : 브라운계열<br>• 블루베이스 : 블랙계열 |
| 손목안쪽색 | 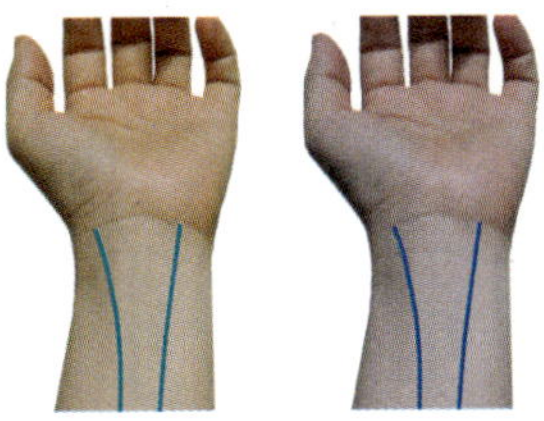 | • 자외선을 덜 받는 부위로 퍼스널컬러 진단하기 수월<br>• 옐로베이스 : 초록색 동맥<br>• 블루베이스 : 푸르스름한 동맥 |
| 뒷머리두피색 | 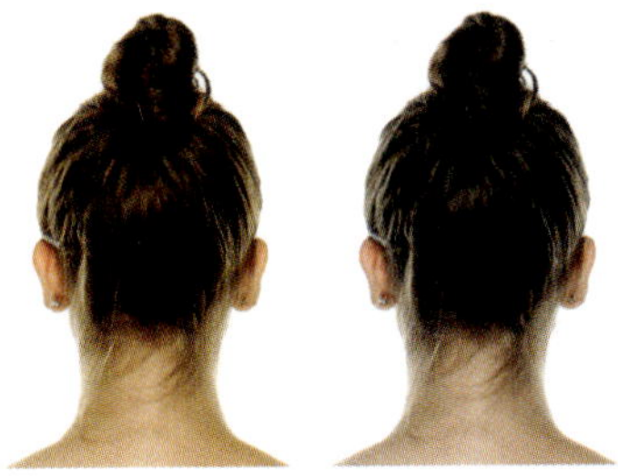 | • 자외선 노출이 적은 부위로 퍼스널컬러 진단 시에 거의 정확<br>• 태닝이나 염색 등 본래의 피부색과 머리카락색은 일시적인 변화가 가능하지만 두피색은 일시적 변화가 어려움<br>• 옐로베이스 : 노르스름하거나 황색빛<br>• 블루베이스 : 희거나 푸른빛 |

### (3) 퍼스널컬러의 진단법

컬러에 대한 선호도는 주관적인 것에 반해, '어울린다와 어울리지 않는다'는 것은 객관적인 판단이라 할 수 있다. 사람들의 얼굴생김새가 다르듯이 각 개인은 퍼스널컬러를 가지고 태어난다. 타고난 피부색과, 머리카락색, 눈동자색 등 신체에 착용하는 색의 배색으로 인상은 플러스가 되기도 하고 마이너스가 되기도 한다.

퍼스널컬러에 의한 긍정적인 외모의 변화는 심리적·정서적 변화도 긍정적으로 변화시킨다. 이에 따라 사회적으로도 긍정적인 평가를 얻을 수 있기에 자신만의 컬러를 정확히 진단하여 알고 있다는 것은 아주 중요하다.

> ☞ **퍼스널컬러 진단 시 준비물 :**
>
> 퍼스널컬러 진단드레이프 천, 상반신 이상이 비치는 크기의 거울, 컨설턴트는 진단의 마무리 단계에 선택된 퍼스널컬러가 어울리는지의 검증을 위하여 사계절컬러 유형의 메이크업 제품

#### ① 퍼스널컬러 진단 시 유의사항

퍼스널컬러를 진단하는 컨설턴트의 주관을 최소화하고 정확한 분석결과를 파악하기 위해서는 준비를 철저하게 한다. 우선 조명은 보통 오전 10시에서 오후 3시 사이에 자연광에서 컬러진단을 한다. 만약 시간을 맞추기가 힘들다면 이와 비슷한 조명을 대신한다. 형광등의 경우, 청색계가 강하지 않은 조정색은 괜찮으나 백열등은 노랑계열이 강하므로 피하도록 한다. 또 진단대상자는 입고 있는 옷이나 모발색의 영향을 최소화하기 위하여 흰색 두건으로 머리를 가리고 흰색 케이프를 어깨에 둘러 준다. 염색모를 가진 대상자의 경우 반드시 머리에 두건을 착용하도록 한다. 착용하고 있는 안경이나 렌즈, 액세서리 모두를 탈의하고 메이크업도 클렌징을 하는 것이 바람직하다. 평상시 태닝을 즐기는 사람일지라도 진단 전 15~30일 정도는 태닝을 삼가고, 피부색소에 영향을 줄 수 있는 비타민 A, 케라틴이 함유된 식품 및 영양제 섭취는 주의하도록 한다. 진단자도 액세서리와 네일아트는 생략하며, 무채색의 복장을 착용하고, 3인 이상의 진단과 이를 비교 분석하여 객관성을 유지한다.

〈 표 14-7 〉 어울리는 색 & 어울리지 않는 색

| 어울리는 색 | 어울리지 않는 색 |
|---|---|
| • 건강하고 혈색 있어 보인다. | • 누렇거나 울긋불긋 보인다. |
| • 투명하고 젊어 보인다. | • 칙칙하고 나이 들어 보인다. |
| • 윤기있어 보인다. | • 거칠어 보인다. |
| • 얼굴형이 뚜렷해 보인다. | • 얼굴형이 뚜렷하지 않다 |
| • 잡티 및 다크서클이 잘 보이지 않는다. | • 잡티나 다크서클이 짙어진다. |
| • 주름이 눈에 띄지 않는다. | • 팔자 주름 등 주름이 깊어 보인다. |
| • 볼패임이 없어 보인다. | • 볼이 패어 보인다. |
| • 광대가 부드러워 보인다. | • 광대가 두드러져 보인다. |
| • 코주변이나 턱이 깨끗해 보인다. | • 코주변이나 턱 주위에 그늘이 생긴다. |
| • 눈동자가 활기차고 빛나 보인다. | • 눈동자가 빛을 잃고 흐릿해 보인다. |

**② 퍼스널컬러의 진단 프로세스**

퍼스널컬러 진단은 신체색과 가장 잘 어울리는 색을 찾아 색이 가진 이미지효과로써 자신의 이미지를 향상시킬 수 있다.

드레이프 진단천을 배색하여 개인의 신체색들과 비교하면서 진단하되, 따뜻한 옐로 언더베이스와 차가운 블루 언더베이스로 먼저 구분한다. 그다음은 사계절의 분류법으로 봄, 여름, 가을, 겨울의 특징을 나타내고 있는 드레이프 진단천 그룹을 얼굴에 대어보고 안색의 변화를 비교해 나간다.

### 3) 사계절컬러의 유형

퍼스널컬러는 피부색에 따라 따뜻한 유형(Warm Tone)과 차가운 유형(Cool Tone)으로 나누어지고 다시 각각 4개의 그룹으로 나뉘는데 이것을 사계절컬러 분석법이라 한다. 퍼스널컬러 분석법 중 가장 잘 알려진 사계절컬러 분석법은 퍼스널컬러를 봄·가을, 여름·겨울의 이미지에 어울리는 색의 그룹으로 분류한다. 사계절컬러의 첫번째 분류는 따뜻한(Warm) 옐로 언더베이스와 차가운(Cool) 블루 언더베이스이고, 따뜻함은 봄(Spring)과 가을(Autumn)로, 차가움은 여름(Summer)과 겨울(Winter)로 구분한다.

따뜻한 톤(Warm Tone)과 차가운 톤(Cool Tone) 모두 다 어울리는 간절기 컬러가 있는데 이를 뉴트럴 톤(Neutral Tone)이라고 한다. 이 톤은 어떤 색이든 잘 어울리며 웜 & 쿨 톤 모두 어울린다.

〈 그림 14-6 〉 계절별 이미지 분류

퍼스널컬러의 사계절컬러는 봄, 가을, 여름, 겨울 사계절로 각 계절적 특성과 이미지를 기반으로 따뜻함과 차가움을 구분하고 색채의 톤을 가미하여 색의 감정과 이미지로 분류한다.

### (1) 봄타입(Spring Type)

봄타입 사람의 이미지는 화사하고 생동감을 지니고 있어 연령을 불문하고 귀여운 이미지를 풍긴다. 표정도 풍부하고 동작도 가벼우며 아주 경쾌하고 리드미컬한 이미지로 봄날의 새싹을 연상케 한다. 피부는 매끄럽게 맑고 투명하며 피부가 얇아서 얼굴에 주근깨 같은 잡티가 생기기 쉽다. 머리카락은 대체로 눈동자색과 비슷한 밝은 갈색으로 윤기 나고 부드러우며 얇은 것이 특징이다.

※ 시즌컬러(Season Color)

봄타입은 경쾌하고 발랄하며 동안의 이미지를 가지고 있다. 봄에 어울리는 색상은 기본적으로 명도와 채도가 높아 가볍고 투명한 색으로 따뜻한 색이 봄타입 사람에게 어울린다. 밝은 옐로계열, 따뜻한 느낌의 피치계열, 그린계열로 화사한 분위기의 밝은 이미지이다.

〈 그림 14-7 〉 봄타입의 컬러연출

### (2) 여름타입(Summer Type)

여름타입은 여성스러움을 지닌 사람으로 차가우면서도 부드럽고 낭만적인 이미지를 갖고 있다. 우아한 여름사람의 피부색은 복숭아빛이나 핑크빛이 살짝 보이고, 붉고 흰피부가 많아 햇볕에 노출되면 타지는 않고 붉어진다. 눈동자는 선명하지 않은 다크 브라운이고, 모발은 소프트한 블랙이나 브라운컬러이다.

**※ 시즌컬러(Season Color)**

여름타입은 로맨틱하고 우아하며 부드러운 이미지를 가지고 있다. 여름에 어울리는 색상은 강한 색으로 보는 경향이 있지만, 모든 컬러에 흰빛을 지니고 있어, 내추럴 파스텔톤으로 선명하지는 않지만 부드럽다. 핑크나 블루계열의 파스텔톤이나 밝고 소프트한 색, 라이트 그레이시톤과 그레이시톤 등의 차가운 색을 배색하면 잘 어울린다.

〈 그림 14-8 〉 여름타입의 컬러연출

### (3) 가을타입(Autumn Type)

가을타입의 사람은 어른스럽고 지적이며 침착한 분위기를 느끼게 한다. 고전적이지만, 따뜻하고 부드러운 이미지로 상대방에게 친근감과 편안함을 준다. 피부는 노르스름한 피부색에 윤기와 혈색이 부족하다. 햇볕에 노출되면 잘 타는 편이고 모발은 다크 브라운에 눈동자는 밝은 브라운으로 그윽하고 포근한 느낌을 준다.

**※ 시즌컬러(Season Color)**

가을타입은 내추럴하고 클래식하며 고급스러운 이미지를 가지고 있다. 가을에 어울리는 색상은 전체적으로 자연의 색상으로 베이지, 카키, 올리브 그린, 브라운, 골드, 틸블루 등으로 차분하고 따뜻한 톤이다.

〈 그림 14-9 〉 가을타입의 컬러연출

### (4) 겨울타입(Winter Type)

겨울타입의 사람은 일반적으로 당당하고 두려움이 없는 유형으로, 차갑고 강렬하며 이지적인 느낌을 지니고 있어 조용하면서도 개성이 강한 인상을 준다. 피부색은 희고 창백하며, 모발은 윤기가 많고 두꺼운 편이다. 눈동자색은 짙은 회갈색이나 검정으로 흰피부와 대조를 이루어 깔끔하고 세련된 이미지로 존재감이 뚜렷하다.

**※ 시즌컬러(Season Color)**

겨울타입은 카리스마 있고 심플하며 모던한 이미지를 가지고 있다. 겨울에 어울리는 색상은 기본적으로 푸른빛과 검정을 지닌 색으로 감색, 회색, 흰색, 검정, 와인, 청보라 등 푸른빛을 지닌 차가운 톤으로 선명하고 대비가 확실한 색이다.

〈 그림 14-10 〉 겨울타입의 컬러연출

〈 표 14-8 〉 사계절의 컬러메이크업

| 유형 | 구분 | 연출방법 |
|---|---|---|
| 봄타입 | 컬러 |  |
| 봄타입 | 베이스 | • 옐로베이스로 혈색이 없어 보이므로 퍼플 베이스와 밝은 베이지 계열의 파운데이션으로 화사하게 연출<br>• 투명 파우더나 핑크 베이지 파우더로 가볍게 연출 |
| 봄타입 | 아이섀도 | • 베이스컬러 – 고명도, 저채도의 색으로 아이홀 전체에 펴 바름<br>• 포인트컬러 – 밝은 봄의 컬러팔레트에서 선택 |
| 봄타입 | 블러셔 | • 코랄 핑크, 옅은 오렌지 |
| 봄타입 | 립 | • 오렌지계열, 코랄핑크, 옅은 베이지계열, 누드 핑크계열 등으로 중간색 혹은 밝은색을 사용하며 립글로스로 촉촉하게 표현 |
| 가을타입 | 컬러 |  |
| 가을타입 | 베이스 | • 노르스름한 피부톤으로 바이올렛 메이크업 베이스와 리퀴드타입 혹은 크림타입의 파운데이션으로 차분하게 표현<br>• 투명 파우더나 베이지 파우더로 가볍게 연출 |
| 가을타입 | 아이섀도 | • 베이스컬러 – 고명도, 저채도색으로 아이홀 전체에 펴 바름<br>• 포인트컬러 – 깊이 있는 가을 컬러팔레트에서 선택 |
| 가을타입 | 블러셔 | • 광대 아래로 다크한 딥오렌지, 브라운으로 성숙하게 연출 |
| 가을타입 | 립 | • 여러 가지 컬러들의 혼합으로 미묘하며 풍부한 립컬러(브라운계열, 브릭계열 등) |

| | | |
|---|---|---|
| 여름타입 | 컬러 |  |
| | 베이스 | • 쿨톤의 붉은 기운이 있기에 그린 베이스와 핑크 베이지의 리퀴드 타입의 파운데이션<br>• 투명 파우더나 내추럴 베이지, 바이올렛 파우더로 가볍게 연출 |
| | 아이섀도 | • 베이스컬러 – 파스텔톤으로 아이홀 펴 바름<br>• 포인트컬러 – 중간톤으로 여름의 컬러팔레트에서 선택 |
| | 블러셔 | • 로즈계열이나 바이올렛 |
| | 립 | • 짙은 계열은 피하고 중간 톤의 핑크, 누드 베이지, 투명 립글로스로 촉촉하게 표현 |
| 겨울타입 | 컬러 |  |
| | 베이스 | • 라이트 핑크의 메이크업 베이스와 크림타입의 핑크 베이지로 화사하게 연출<br>• 투명 파우더나 내추럴 베이지, 핑크 파우더로 가볍게 연출 |
| | 아이섀도 | • 베이스컬러 – 연하게 한가지 톤으로 아이홀 전체에 펴 바름<br>• 포인트컬러 – 겨울컬러 팔레트에서 선택 |
| | 블러셔 | • 핑크, 브라운 베이지계열로 연출 |
| | 립 | • 와인계열이나 퍼플계열과 브라운을 믹스해서 윤기있게 표현 |

# CHAPTER 15

# 네일아트

**학습 목표**

네일의 구조와 특징을 이해하고, 기본 매니큐어링 및 네일아트 디자인을 학습한다.

## 1. 네일 기초 이론

### 1) 네일아트(Nail Art)의 이해

#### (1) 네일아트의 정의

네일은 매니큐어(Manicure)와 페디큐어(Pedicure)를 총칭하는 명칭으로 손님의 손톱과 발톱을 손질하거나 화장하는 영업을 말한다. 네일 미용술의 종류로는 매니큐어, 패디큐어, 매니큐어 컬러링(Manicure Coloring), 패디큐어 컬러링(Pedicure Coloring) 인조네일, 아트네일 등으로 분류할 수 있다.

매니큐어는 광택을 내는 손톱 에나멜이 '폴리시(Polish)'자체를 의미하는 것이 아니라 '손톱을 관리한다'라는 총괄적 의미로 패디큐어와 구별한다. 역사적으로 고대에는 '손을 치료하다'의 의미였으나, 현대에 와서는 '손을 아름답게 관리하다'의 의미로 통용된다.

#### (2) 네일아트의 목적

토탈코디네이션의 일부로서 심리적 욕구를 충족시키며, 아름다움을 돋보이게 하여 매력적인 호감도를 상승시킨다. 손과 발은 개성을 나타내는 이미지 관리는 물론 미적 수단의 도구이다. 따라서 지속적인 손과 발의 관리로 건강을 증진하며 노화를 예방하는 것이 네일아트의 목적이다.

#### (3) 네일아트의 영역

네일아트의 영역은 크게 레귤러(Regular)과정과 스페셜(Special)과정으로 나뉘며, 레귤러는 기초 네일케어를 말하고 스페셜과정은 인조네일과 아트네일, 2개의 기술영역으로 나뉜다.

**① 네일케어**

네일케어는 기초과정으로 매니큐어(손톱관리)와 패디큐어(발톱관리)로 나뉜다.

〈 표 15-1 〉 네일케어의 분류

| 매니큐어/매니큐어 컬러링 | 패디큐어/패디큐어 컬러링 |
|---|---|
| • 습식 매니큐어링<br>• 풀커버 컬러링<br>• 프리에지 컬러링, 딥 프렌치 컬러링<br>• 그라데이션 컬러 | • 패디큐어<br>• 풀커버 컬러링<br>• 프리에지 컬러링, 딥 프렌치 컬러링<br>• 그라데이션 컬러 |

### ② 인조네일

팁을 이용하여 손톱길이를 연장하는 기술로 팁위드랩(Tip With Wrap)과, 실크(Silk)와 젤(Gel) 및 아크릴(Acrylic)을 이용하여 연장하는 네일 랩익스텐션(Nail Wrap Extension)과 젤네일, 아크릴네일이 있다.

팁위드랩은 팁을 이용하여 연장하는 방법 중 가장 기본으로 팁과 기존의 자연네일의 연결부분인 팁턱 파일링이 자연스럽게 연결되도록 한다.

젤 네일은 클리어 젤(Clear Gel)로 연장하는 것으로 기포 발생을 방지하는 것이 가장 중요하고, 아크릴 네일은 가루 형태의 아크릴과 아크릴 리퀴드(Acrylic Liquid)를 조합해서 연장하는 방법이다. 인조네일 연장 중 아크릴 네일이 가장 단단한 기법으로 아크릴이 굳기 전에 C 커브(C-Cover)와 스마일라인(Smile Line)을 예쁘게 잡는 것이 중요하다.

네일 랩익스텐션은 실크를 이용하여 연장하는 것으로 실크를 재단해서 해야하기 때문에 연장방법 중 어려운 기술에 해당한다. 글루(Glue)와 필러 파우더(Filler Powder) 양을 알맞게 조절해가면서 실크가 단단해지도록 만들어준다. 그리고 인조네일 연장 중 가장 투명하기에 표면을 무조건 매끄럽게 표현해 주어야 한다.

〈표 15-2 〉 인조네일의 종류

| 인조팁 | 네일 랩 | 아크릴 네일 | 젤 네일 |
|---|---|---|---|
| • 내추럴 팁<br>• 화이트 팁<br>• 클리어 팁<br>• 컬러 팁<br>• 풀 팁<br>• 롱 팁<br>• 하프웰 팁 | • 팁위드파우더<br>• 팁위드랩<br>– 실크, 린넨, 파이버글래스<br>• 실크익스텐션<br>– 찢어지거나 깨어진 손톱 보강 | • 아크릴 팁 오버레이<br>– 화이트 팁·내추럴 팁 아크릴 오버레이<br>• 아크릴스캅처<br>– 원톤스캅처(클리어, 핑크, 내추럴 파우더)<br>– 프렌치스캅처<br>• 아크릴스캅처 디자인 | • 팁위드젤<br>– 오버레이<br>– 화이트 팁·내추럴 팁 젤오버레이<br>• 젤스캅처<br>– 원톤 젤스캅처<br>– 프렌치 젤스캅처<br>• 젤스캅처 디자인 |

③ **아트네일**

네일 분야 중 아트는 독창적이며 가장 흥미로운 분야이다. 손톱의 작은 공간에 창조적인 그림을 그려 넣거나 인조 보석 등으로 장식하며 이미 완성된 스티커 형태로 디자인된 것을 붙이거나 그 위에 여러 가지 토핑으로 장식을 더 할 수도 있다.

〈 표 15-3 〉 아트네일의 분야

| 아트 네일 | | |
|---|---|---|
| • 핸드 페인팅<br>• 댕글<br>• 라인스톤<br>• 액세서리 | • 포크아트<br>• 3D아트<br>• 워터데칼<br>• 스티커 데칼 | • 에어브러시<br>• 마블링<br>• 스테인드 글래스<br>• 라인 디자인(아트펜, 아트브러시) |

## 2) 네일의 구조

손톱은 단단한 케라틴을 함유하며 핵이나 세포소기관이 없고 각질화된 죽은 세포로 이루어져 있다. 네일 바디(Nail Body)는 눈에 보이는 부분으로 반투명하고 단단한 사각형 모양의 판을 말하고, 네일 베드(Nail Bed)는 표피의 한 부분을 덮고 있다. 손톱의 생성은 손톱 뿌리(Nail Root)에서 일어나는데 끊임없는 새로운 세포의 보충과 각질화로 손톱이 성장한다. 네일판과 네일판 밑부분 외 네일 주변의 피부 구조를 자세히 알아보자.

### (1) 네일판 부분

네일판 부분은 조근(Nail Root), 조체(Nail Body), 자유연(Free Edge), 옐로 라인(Yellow line), 스트레스 포인트(Stress Point)로 이루어져 있다.

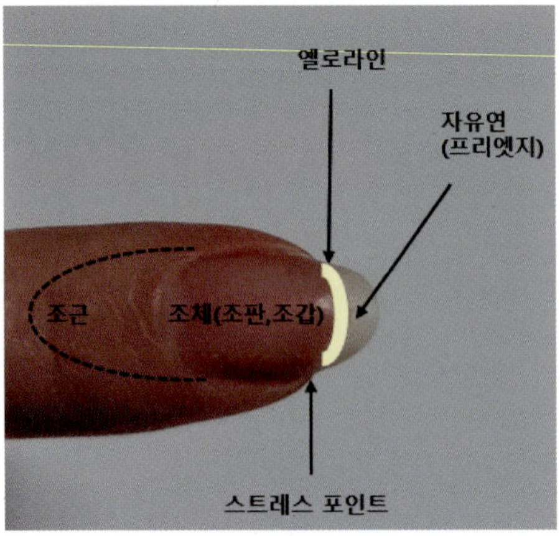


〈 그림 15-1 〉 네일판 구조

〈 표 15-4 〉 네일판 구조의 구성

| 구 조 | 특 성 |
|---|---|
| 조근<br>(Nail Root) | • 손(발)톱의 근원으로 피부밑에 묻혀 있음<br>• 모세혈관으로부터 산소를 공급받아 손톱이 자라나기 시작하는 곳<br>• 조근에서 오래되고 딱딱해진 세포들은 조체 방향으로 밀려나오면서 손톱이 자람 |
| 조체<br>(Nail Body) | • 손톱 자체의 판으로 손톱 총 길이(조체 + 옐로 라인 + 자유연)<br>• 신경조직이 없는 각질화된 딱딱한 세포<br>• 조체 아래부분인 조상을 보호하는 역할<br>• 네일 바디는 네일 플레이트, 조갑, 조판이라고도 부름 |
| 자유연<br>(Free Edge) | • 조체 외부로 향하는 잘라져 나가는 부분(옐로 라인 가장 바깥부분)<br>– 신경이나 혈관이 없음<br>– 영양 부족 시 갈라지거나 찢어질 수 있음<br>– 중층상피세포로 구성되며 미세한 자극에도 부서지는 손상 초래<br>• 조상의 연장 부분인 하조피를 보호하는 역할 |
| 옐로 라인<br>(Yellow line) | • 네일의 조체와 자유연의 경계선 |
| 스트레스 포인트<br>(Stress Point) | • 외부적인 충격을 가장 많이 받는 부분으로 조구가 끝나는 지점<br>• 내적 측면의 경계인 옐로라인이 시작점으로 하중을 받을 시 자유연의 찢어짐을 방어하는 역할 |

### (2) 네일판 밑 부분

네일판 밑부분은 조상(Nail Bed), 조모(Nail Matrix), 조반월(Nail Lunula), 하조피(Hyponychium)로 구성되어 있다.

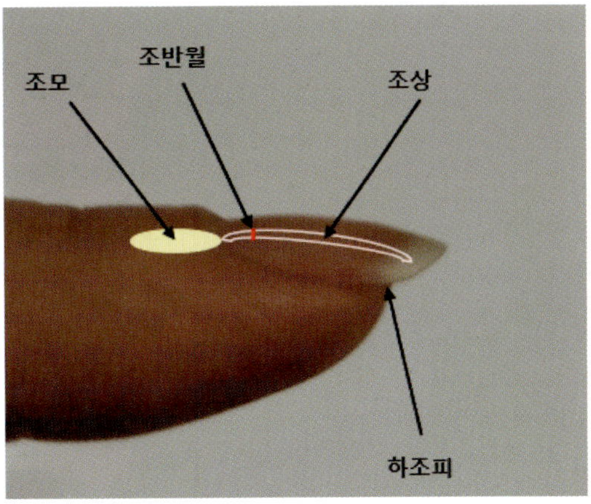


〈 그림 15-2 〉 네일판 밑부분의 구조

〈 표 15-5 〉 네일판 밑부분의 구성

| 구 조 | 특 징 |
|---|---|
| 조상<br>(Nail Bed) | • 네일 베드로 조체의 밑 부분 |
| 조모<br>(Nail Matrix) | • 조체를 만드는 각질 형성세포로서 세포분열에 의해 네일 성장 담당<br>• 림프관과 혈관, 신경이 많이 분포하고 있는 가장 예민한 부분<br>• 피부 속에 묻혀있는 부분으로 조체의 줄기세포<br>• 색소형성세포에서 미량의 멜라닌 색소가 분비되어 네일의 색을 형성 |
| 조반월<br>(Nail Lunula) | • 조근과 연결된 케라틴화가 덜 된 유백색의 반달 모양<br>• 충분히 각화되지 않아 부드러우며 하부와의 접착 정도가 불충분하여 불완전함<br>• 반월의 크기에 따라 영양 상태를 추정할 수 있음 |
| 하조피<br>(Hyponychium) | • 조상과 연결된 자유연 밑부분의 피부 |

### (3) 네일주변의 피부

네일을 둘러싸고 있는 주변의 피부로는 조표피(Nail Cuticle), 조구(Nail Grove), 조상연(Nail Perionychium)으로 구성되어 있다.

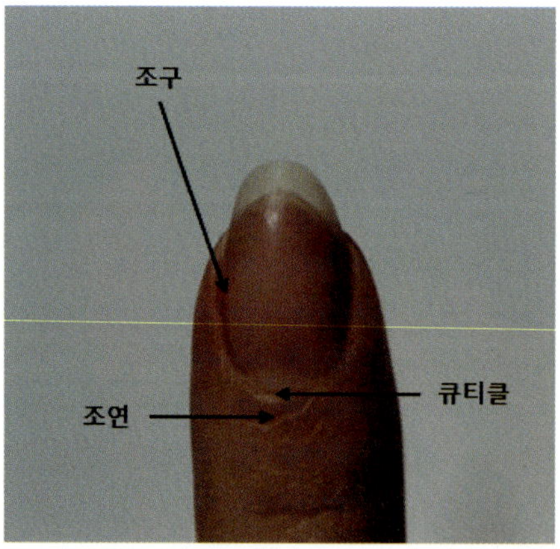


〈 그림 15-3 〉 네일주변의 피부 구조

〈 표 15-6 〉 네일주변 피부의 구성

| 구 조 | 특 징 |
|---|---|
| 조표피<br>(Nail Cuticle) | • 각질세포의 생성은 물론, 성장 시 조절에 관여<br>• 네일 큐티클, 상조피, 후조곽이라고도 함<br>• 조모와 조체의 경계선에 있는 피부로 조반월의 주변을 감싸고 있는 피부<br>• 세균 및 진균의 감염으로 인하여 붉게 부어오르거나 염증 등의 외부 미생물로부터 방어 역할 |
| 조구<br>(Nail Grove) | • 조벽, 조곽이라고도 함<br>• 스트레스 포인트를 중심으로 조체를 따라 자라는 조상의 양 측면에서 만곡형으로 패인 홈 |
| 조상연<br>(Nail Perionychium) | • 네일 판 전체를 에워 싼 조구 주변의 피부 |

## 3) 네일 제품

네일 제품의 성분에 따라 네일 용제는 크게 13가지 제형으로, 네일 트리트먼트와 폴리시로 분류한다.

〈 표 15-7 〉 네일용제의 종류

| 종 류 | 제품명 | 특 성 |
|---|---|---|
| 연마제 | 네일 연마제 | • 조체면에 문지르면 매끄러운 광택 |
| 제거제 | 폴리시 리무버 | • 인조네일 폴리시 제거 시에는 아세톤 성분이 없는 것을 사용 |
| | 리무버 원액 | • 아세톤 원액이라고 함 |
| | 큐티클 리무버 | • 큐티클에 리무버를 도포하여 연화한 후 푸셔나 니퍼로 케어 |
| | 큐티클 오일 | • 네일과 큐티클에 유·수분을 공급하고 큐티클을 유연하게 함 |
| 건조제 | 글루 드라이 | • 접착제를 빨리 굳게 하는 액티베이터 기능<br>• 실크나 젤 사용시 건조시키는 스프레이형 타입 |
| | 액티베이터 | • 글루드라이와 기능이 같지만 응고가 느림 |
| 소독제 | 에틸 알코올 | • 손과 금속 소재 도구 소독 |
| | 손소독제 | • 시술 전후 고객과 시술자의 손 소독용 |

| 탈색제 | 네일 블리치 | • 자연손톱과 네일 주변에 착색된 얼룩 제거 시 사용 |
|---|---|---|
| 접착제 | 프라이머 | • 자연손톱과 인조네일 사이에 곰팡이 생성을 방지 |
| | 프리멕스 본더 | • 산(Acid) & 비산(Non-acid)로 구분하는데 산 성분이 없는 접착제는 큐티클에 닿아도 무방 |
| 지혈제 | 지혈제 | • 네일 시술 시 생긴 상처의 출혈을 멈추게 함 |

〈 표 15-8 〉 트리트먼트의 종류와 특성

| 종 류 | 제품명 | 특 성 |
|---|---|---|
| 유 · 수분 보충 및 영양제 | 핸드크림 | • 네일 및 그 주위의 피부에 영양 보충<br>• 네일 성장 촉진 |
| | 큐티클 오일, 큐티클 크림 | |
| 강화제 | 네일보강제 | • 손톱 부러짐 방지와 약한 네일에 견고함 부여 |

네일 폴리시는 네일을 보호하고 광택을 부여하며 컬러에 따라 네일 모양을 시각적으로 변화시킨다. 네일 폴리시는 크게 투명도에 따라 투명 폴리시와 불투명 폴리시로 분류한다. 폴리시 보관은 뚜껑을 잘 닫아서 냉암소에 보관하며, 개봉하지 않은 폴리시는 대략 1~2년 정도이다.

〈 표 15-9 〉 투명도에 따른 네일 폴리시의 종류

| 종 류 | 특 징 |
|---|---|
| 투명 폴리시 | • 염료가 첨가되지 않은 극히 옅은 투명한 색<br>• 겹쳐 바르면 불투명한 색<br>• 클래식하고 섬세하며 부드러운 이미지<br>• 도포(3번 정도)가 쉬우며 지우기도 쉬움<br>• 베이스 코트, 탑 코트, 무색 네일 폴리시 등 |
| 불투명 폴리시 | • 염료가 첨가된 크림 또는 펄 네일 폴리시로 불투명한 유색의 막 형성<br>• 광물과 식물에서 색소를 추출<br>• 운모 또는 생선 비늘에서 펄 색상 추출<br>• 짙고 어두운 유색 폴리시는 도포 시 얼룩이 지며 바르기 어려움 |

〈 15-10 〉 네일 폴리시 제품

| 종 류 | 특 징 |
|---|---|
| 착색방지제<br>베이스 코트 | • 조체 표면에 코팅막 형성<br>• 폴리시의 착색을 방지하고 조체면을 교정<br>• 자연손톱과 폴리시의 밀착력을 높임 |
| 탑 코트 | • 폴리시의 색감과 광택, 지속력을 유지<br>• 네일 아트 연출 시에는 접착제 역할 |
| 네일 폴리시 | • 네일 보호<br>• 색상 및 광택 부여 |
| 네일 화이트너 | • 자유연을 더욱 희게 보이게 함 |
| 유화제(시너) | • 1화 2~3방울 정도 첨가해 가볍게 흔들어 사용 |
| 건조제 | • 퀵 폴리시 드라이어<br>• 컬러링 후 빠른 건조를 유도하는 스프레이형 타입 |

☞ 폴리시 선택 및 좋은 폴리시의 조건

- 컬러와 용제의 질을 보고 선택
- 네일 브러시 또한 도포 작업의 질을 좌우하므로 브러시를 잘 보고 선택
- 피부 및 인체에 무해하고 향이 좋은 폴리시 선택
- 도포 시 3분 이내 건조되는 폴리시
- 부드럽게 잘 발리며 광택이 풍부한 폴리시
- 최소 1주일 이상 발림(착색)이 유지되는 폴리시
- 물이나 세제로부터 안정한 폴리시 선택

인조네일에는 팁위드 랩, 실크익스텐션, 젤스캅춰, 아크릴스캅춰가 있다. 이들 작업을 위한 재료의 종류와 특성을 알아보기 전에 공통으로 필요한 재료부터 알아보자. 인조 네일 작업 시 공통으로 사용하는 재료에는 알코올, 손소독제, 리무버, 지혈제, 화장솜, 멸균거즈, 페이퍼 타월 등이 있다.

〈 표 15-11 〉 인조 네일 공통 재료의 종류 및 특성

| 재 료 | | 특 징 |
|---|---|---|
| 알코올 | 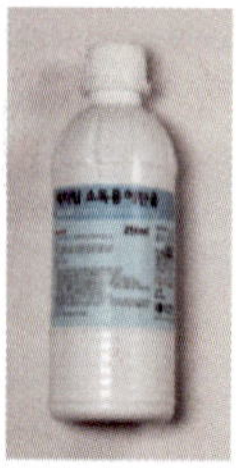 | • 작업 테이블과 기구, 도구, 피부 등을 소독할 때 사용<br>• 70%로 희석하여 사용 |
| 손 소독제<br>(안티셉틱) |  | • 피부 소독제로 시술 전 청결을 위해 시술자와 고객의 손 소독<br>• 액상과 젤 타입이 있음<br>• 소독력이 약해 도구나 기구를 소독하기에는 적합하지 않음 |
| 리무버 |  | • 아세톤 타입 ; 인조네일 팁을 녹일 때 사용<br>• 비아세톤 타입 ; 폴리시 색상을 제거할 때 사용 |
| 지혈제 |  | • 시술 시 출혈이 발생했을 때 출혈을 멈추게 하는 액체 타입<br>• 상처 부위에 한 방울 떨어뜨려 주면 혈액이 바로 응고되어 더 이상 출혈이 일어나지 않음 |
| 화장솜,<br>멸균거즈 | 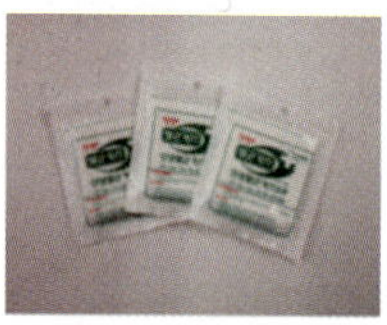 | • 네일 폴리시, 유분 정리, 소독할 때 사용<br>• 두껑이 있는 용기에 담아 청결하게 보관할 것 |
| 페이퍼 타월 | 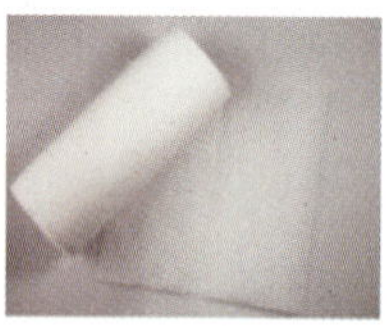 | • 네일 테이블에서 작업할 때 손톱 잔해 및 핑거볼에 연화시킨 손톱 물기 등을 제거할 때 사용 |

### (1) 팁위드랩 재료의 종류

팁위드랩의 재료에는 팁, 실크, 글루, 젤글루, 글루드라이, 필러파우더 등이 있다.

〈 표 15-12 〉팁 위드 랩 재료의 종류 및 특성

| 재료 | | 특징 |
|---|---|---|
| 인조 팁 | 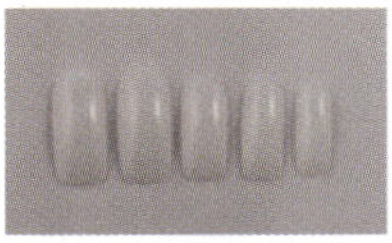 | • 자연 손톱의 길이 연장<br>• 클리어, 내추럴, 화이트, 컬러, 디자인 팁 등 종류 다양 |
| 실크 | 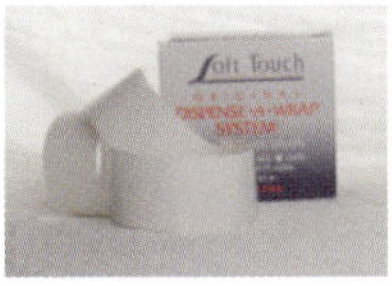 | • 손톱의 길이를 연장<br>• 자연손톱의 보호 및 유지를 위해 손톱 위해 실크 랩핑 |
| 글루 | 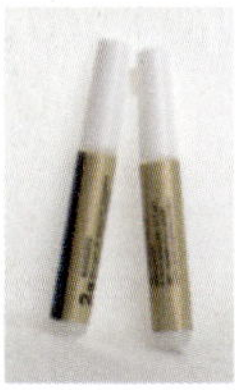 | • 인조네일을 접착하거나 샌딩 블록 사용 전 전체 조체 면에 도포 |
| 젤 글루 | 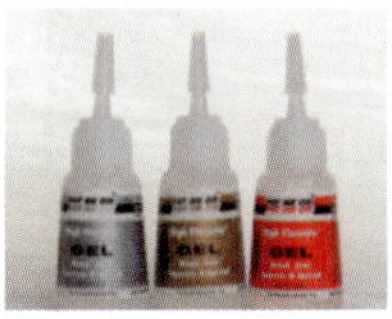 | • 인조 네일 조체 접착 시 사용<br>• 인조 팁의 투명도 및 두께를 조절할 때 사용<br>• 글루 사용 후 표면 보강을 위해 사용<br>• 초보자들이 팁을 접착할 때 빨리 마르지 않아 사용이 쉽지만, 팁 턱에 글루가 엉겨 붙어 턱 제거가 어려울 수 있으니 양을 잘 조절해야 함 |
| 필러 파우더 | 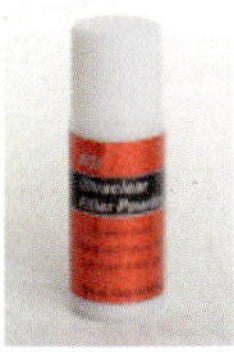 | • 인조 네일을 연장할 때 두께를 조절해주는 가루 타입의 파우더 |
| 글루 드라이어 |  | • 글루나 젤을 빨리 건조시키고 강하게 하는 스프레이<br>• 너무 가까이서 분무하면 뜨겁기 때문에 10~15㎝ 거리에서 분무 |

### (2) 실크익스텐션 재료의 종류

실크익스텐션 재료에는 실크, 글루, 젤글루, 글루드라이, 필러파우더 등이 있다.

### (3) 아크릴스캅처 재료의 종류 및 특성

아크릴스캅처 재료에는 아크릴 리퀴드, 아크릴 파우더, 프라이머(Primer), 네일 폼(Form), 브러시 클리너(Brush Cleaner) 등이 있다.

〈 표 15-13 〉 아크릴스캅춰 재료의 종류 및 특성

| 재 료 | | 특 징 |
|---|---|---|
| 아크릴 리퀴드 |  | • 아크릴 파우더 분말을 녹여 반죽하는 데 사용<br>• 모노머(monomer)라고도 부름 |
| 아크릴 파우더 | 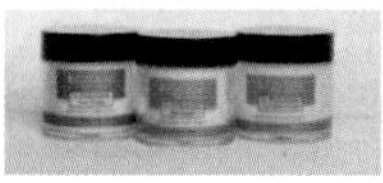 | • 분말(파우더) 상태로 다양한 컬러가 있음<br>• 클리어, 핑크, 내추럴 등 자연손톱 위에 올리고, 화이트는 자유연 위에 사용<br>• 파우더와 리퀴드를 믹싱하여 볼을 만들어 팁을 보강하거나 익스텐션<br>• 폴리머(Polymer)라고도 함 |
| 프라이머 |  | • 아크릴 제품이 자연손톱에 잘 접착되도록 발라주는 촉매제<br>• 프라이머를 잘못 사용하면 피부나 눈에 치명적이므로 사용에 특히 주의<br>• 손톱 표면의 유분기를 제거<br>• pH 밸런스를 조절<br>• 아크릴 시술 후 손톱과 인조 네일 사이에 물기가 들어가 펑거스(fungus)가 발생되는 것을 방지(방부 역할) |
| 브러시 클리너 |  | • 아크릴 네일 시술 후 브러시 세척 시 사용 |

| 네일 폼 | 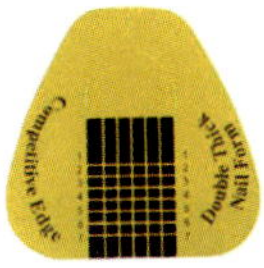 | • 아크릴 스캅춰 시술시 아크릴 파우더 얹는 데 사용하는 폼<br>• 일회용과 다회용<br>– 일회용은 뒤에 접착제가 붙어 있지만, 다회용은 알루미늄 플라스틱으로 만들어져 있어 접착제가 붙어 있지 않음 |
|---|---|---|

### (4) 젤 스캅처 재료의 종류 및 특성

젤 스캅처 재료의 종류에는 네일 폼, 젤 클리너, 베이스 젤, 클리어 젤, 탑 젤, 젤 본더 등이 있다.

〈 표 15-14 〉 젤스캅처 재료의 종류 및 특성

| 재 료 | 특 징 |
|---|---|
| 젤 클리너 | • 큐어링 후 표면에 남아있는 젤을 닦아내는 액체로 젤 전용 클리너 사용 |
| 젤 본더 | • 젤이 자연손톱에 잘 접착되도록<br>• 제조회사가 젤 본더를 사용하라고 한 경우에만 사용 |
| 탑 젤 | • 젤 도포 후 네일 표면에 광택을 주기위해 사용 |
| 베이스 젤 | • 젤 도포 전 자연 손톱을 보호<br>• 컬러 착색 방지 |
| 클리어 젤 또는 핑크 젤 | • 소프트 젤 ; 아세톤이나 젤 전용 제거제로 제거<br>• 아세톤이나 젤 전용 제거제를 사용할 수 없으며 파일링으로 제거 |

## 4) 네일 기기와 네일 도구의 종류

### (1) 네일 기기

〈 표 15-15 〉 네일 기기의 종류

| 재 료 | 특 징 |
|---|---|
| 매니큐어 테이블 | • 매니큐어 전용 테이블로 통풍구와 환기 필터가 장착되어 먼지나 냄새를 흡입<br>• 테이블 조명은 300~400Lux 정도가 적당<br>• 네일용품의 진열과 보관이 가능<br>• 네일리스트와 고객 간에 작업하기 쉽도록 간격유지 |

| | |
|---|---|
| 시술용 의자 | • 바퀴와 등받이, 높낮이 조절 장치 등<br>• 재질은 천보다는 인조가죽이 오염이 묻었을 경우 제거하기 좋음 |
| 고객용 의자 | • 안락함을 줄 수 있도록 팔걸이가 있는 것을 선택 |
| 각탕기<br>(패디 스파기) | • 페디큐어나 발 마사지할 때 혈행을 좋게 해서 피로 예방<br>• 등받이는 진동 마사지와 스파 바이브레이션 기능 |
| 파라핀 워머<br>(Paraffin Warmer) | • 파라핀을 녹일 때 사용하는 전기기구<br>• 손과 발의 보습을 위해 사용 |
| 폴리시 드라이어<br>(Polish Drier) | • 손톱과 발톱에 폴리시를 바른 후 건조하게 하는 전기기구 |
| 소독기 | • 네일 도구의 소독과 살균을 위해 소독액을 담아두는 용기<br>• 1개의 니퍼로 1사람의 시술을 마치면 소독 용기에 20분 이상 담가 둬야 함<br>• 니퍼, 푸셔, 크레도, 페디파일은 항상 소독기에 소독 |
| UV램프<br>(Ultraviolet rays Lamp) | • 젤 큐어링 라이트기(Gel Cure Lighting)<br>• 자외선 또는 할로겐전구가 들어있는, 젤을 굳힐 때 사용하는 전기기구<br>• 라이트 종류와 형태는 제조사에 따라 다양 |
| 드릴 머신<br>(Drill Machine) | • 전기 동력에 비트를 이용하여 파일링 작업하는 기구<br>• 본체에는 스위치와 속도 조절 스위치, RPM 스위치(정방향, 역방향 등 회전 방향 전환), 핸드 피스를 연결<br>• 본체 내의 핸드피스에 비트를 교체함으로써 버퍼, 파일, 푸셔, 브러시 등의 기능을 수행 |

## (2) 네일 도구

〈 표 15-16 〉 네일도구의 종류

| 재 료 | 특 징 |
|---|---|
| 큐티클 니퍼 | • 손톱 주변의 굳은살과 거스러미를 제거할 때 사용하는 가위 |
| 푸셔 | • 큐티클 밀어 올릴 때 사용<br>• 45° 정도로 잡고 손톱 주변의 굳은살이나 각질층이 손상되지 않도록<br>• 메탈 푸셔와 스톤 푸셔(메탈 푸셔 후 네일 표면의 각질과 거스러미 등 세밀하게 제거할 때 사용) |
| 네일 클리퍼 | • 자연손톱과 인조 네일의 길이를 자르는 도구 |
| 팁 커터기 | • 인조 네일을 자르는 데 사용 |

| | |
|---|---|
| 더스트 브러시 | • 인조네일 시술, 자연손톱 모양을 다듬은 후 먼지나 이물질 제거<br>• 습식 매니큐어 시술 시 물에 담갔던 손톱 밑의 이물질 제거<br>• 작업 시 한 방향으로만 위에서 아래로 손질 |
| 핑거 볼 | • 습식 매니큐어 시 손끝의 큐티클을 불리기 위해 손을 담그는 용기 |
| 디스크 패드 | • 라운드 패드라고 하며, 파일링 후 먼지나 조구나 자유연 아래의 거스러미 제거 |
| 에머리 보드 | • 우드 파일이라고도 하며 자연손톱의 모양이나 길이를 변경할 때 사용 |
| 샌딩블럭 | • 조체 표면의 거칠음과 가로 세로 중을 매끄럽게 정리할 때 사용<br>• 랩이나 네일 팁 시술할 때 글루나 제를 바른 후 부드럽게 마무리하기 위해 사용 |
| 파일 | • 자연손톱을 제외한 인조 네일, 연장한 네일의 모양이나 길이를 변경<br>• 철제 타입은 소독 후 재사용이 가능하고, 비철제 타입은 재사용 불가능<br>– 그릿은 파일의 거칠기 정도로서 번호가 높을수록 부드러운 파일<br>– 그릿 180 ; 부드러운 파일, 큐티클 주위와 손톱의 모양을 잡을 때 사용<br>– 그릿 100 ; 거친 파일, 랩이나 네일 팁의 턱을 제거할 때 사용 |
| 샤이니 블럭 | • 손톱을 정리한 후 손톱 표면에 광을 낼 때 사용 |
| 손목 받침대 | • 시술을 받는 동안 고객의 손목과 팔을 편안하게 해줌 |
| 패디 파일 | • 패디큐어를 할 때 사용하는 발 전용 파일<br>• 각질 및 굳은살 제거 |
| 크레도 | • 콘 커터라고도 하며 발바닥의 굳은살을 제거하기 위해 사용<br>• 칼날이 포함되어 있으므로 관리 주의 요함 |
| 토우 세퍼레이터 | • 발가락과 발가락 사이를 벌려 컬러가 묻지 않고 불편 없이 페디작업 할 수 있도록 함 |
| 랩 가위 | • 실크 가위라고도 하며 실크, 린넨, 파이버 글라스 등 천을 재단할 때 사용하는 작은 가위 |
| 젤 브러시 | • 인조 섬유로 된 브러시로 조체 표면에 젤을 얹을 때 사용 |
| 아크릴 브러시 | • 아크릴 파우더를 조체 위에 얹어 인조 네일을 만드는 데 사용하는 브러시로 붓의 모양과 길이, 크기에 따라 다양 |
| 디펜디시 | • 아크릴 리퀴드 또는 아크릴 파우더를 덜어 쓰는 용기 |
| 디스펜서 | • 액체 용액을 담아두는 용기 |
| 습식 소독 용기 | • 70~90%의 알코올에 철제 도구를 20분 이상 담가두는 용기 |

## 5) 네일 디자인 유형

네일 쉐입은 고객 손가락 굵기 및 길이와 라이프스타일과 선호도를 고려하여 디자인한다.

〈 표 15-17 〉 네일 디자인 유형

| 쉐 입 | 특 징 |
|---|---|
| 스퀘어형<br>(Square Shape)<br> | • 파일의 각도 90°<br>• 스트레스 포인트를 기점으로 프리엣지와 만나는 모서리 부분에 각이 생기도록 만들어 주는 형태<br>• 다른 형태의 네일보다 튼튼해서 잘 부러지지 않으므로 손끝을 많이 사용하거나 컴퓨터 작업을 많이 하는 사무 종사자들에게 어울리는 손톱 디자인<br>• 도시적이고 샤프한 느낌을 주며 개성적인 이미지를 나타냄<br>• 국가자격시험이나 대회 출전 시 지정되는 모양<br>• 손톱 끝 모서리 각진 부분이 날카로워서 긁히거나 다칠 수 있음 |
| 오버 스퀘어형<br>(Over Square Shape)<br> | • 파일의 각도 : 중앙은 90°, 사이드는 30°~45°<br>• 스트레스 포인트를 기점으로 프리엣지와 만나는 모서리 부분에 각이 생기지 않도록 모서리 부분만 살짝 굴려 만들어주는 형태<br>• 스퀘어형에서 단점을 보완하여 모서리 부분을 없애 프리엣지 양쪽끝을 둥글게 오프 시킨 모양<br>• 손톱이 약한 사람들에게도 좋으며, 네일 베드(nail bed)가 긴 사람에게 특히 잘 어울리는 쉐입(shape) |
| 라운드형<br>(Round Shape)<br> | • 파일의 각도 : 45~60°<br>• 스트레스 포인트를 기점으로 둥글게 프리엣지와 만나도록 굴려 만들어주는 형태<br>• 둥근 형태이며, 가장 흔하고 평범하며 무난한 손톱의 형태<br>• 굵거나 짧은 손가락, 남녀노소 누구나 자연스럽게 어울리며, 남자들도 선호하는 형태<br>• 너무 짧고 깊게 파일링을 하게 되면 파고드는 손·발톱의 원인 |
| 오발형<br>(Oval Shape)<br> | • 파일의 각도 : 15°<br>• 스트레스 포인트를 기점으로 라운드보다 더 둥글게 프리엣지와 만나도록 굴려 만들어주는 형태<br>• 총알 형태의 네일로 라운드형보다 달걀 모양의 형태<br>• 여성스러운 느낌이 들고 손가락이 가늘고 길게 보이도록 함<br>• 네일 바디가 좁은 사람에게 어울리는 형태 |

| | |
|---|---|
| 포인트형<br>(Pointed Shape)<br>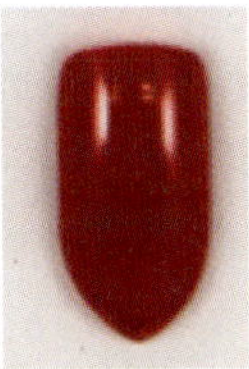 | • 파일의 각도 : 10°<br>• 스트레스 포인트를 기점으로 오발형보다 더 둥글게 프리엣지와 연결하여 뾰족하게 만들어주는 형태<br>• 뾰족한 모양으로 아몬드(almond) 형태라고도 함<br>• 섹시한 느낌이 들지만, 가늘고 길어서 잘 깨어지고 부러지는 단점이 있음<br>• 손가락이 가늘고 네일 바디가 좁은 사람에게 어울리는 형태 |

### (1) 파일링 방법

네일은 컬러를 바르면 손톱의 형태가 확연히 드러나므로 좌우의 쉐임을 잘 조절하여 파일링해야 한다. 파일링을 할 때는 고객의 손톱에 손상이 오거나 파일로 인한 진동이 오지 않도록 손목의 힘을 완전히 뺀 상태에서 파일링 하는 것이 올바른 파일링 방법이다.

〈 표 15- 18 〉 파일링 기법

| 종 류 | | 기 법 |
|---|---|---|
| 손톱의<br>길이 조절 | 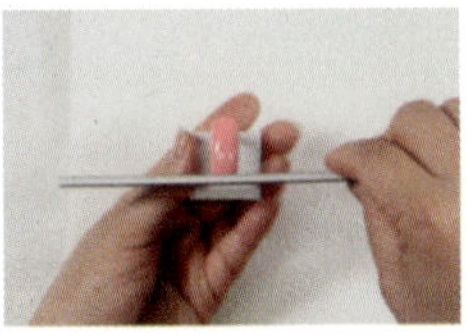 | • 손톱의 길이와 좌우의 쉐입을 조절할 때 사용<br>• 파일 끝의 1/3 지점을 가볍게 잡고 파일링<br>• 자연 손톱은 한 방향으로, 인조네일은 비벼서 파일링 |
| 손톱의<br>측면 조절 | 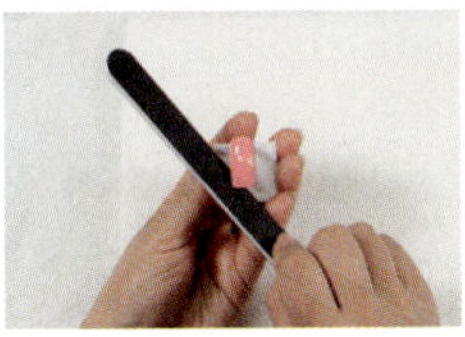 | • 1, 2지로 파일의 1/3 지점을 잡고, 팁의 사이드라인 제거나 인조네일 시술 후 표면과 측면 정리나 사이드라인을 11자로 만들어 줄 때 사용되는 파일링 |
| 손톱의<br>표면 조절 |  | • 2지로 파일을 받쳐 주고 파일의 1/3 지점을 잡고 대각선으로 파일링<br>• 팁 턱선을 제거하거나 표면을 파일링할 때 사용되는 파일링 |
| 손톱의<br>모양 조절 | 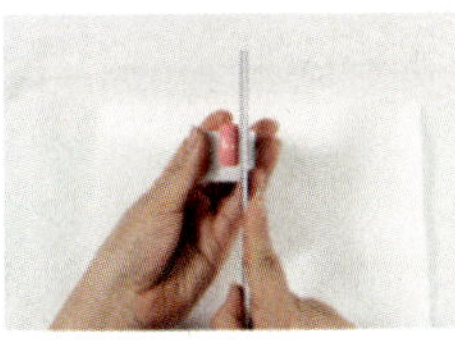 | • 파일 끝의 1/3 지점을 가볍게 잡고 원하는 손톱 모양에 따라 파일의 각도를 조절하여 쉐입을 잡아 줌 |

## (2) 폴리시 바르는 방법

한 손에 폴리시 병을 잡고, 다른 한 손에는 붓대를 잡는다. 폴리시 병을 잡은 손으로 고객의 손가락을 잡아 컬러링한다. 컬러링 순서는 5번 손가락부터 1번 손가락으로 바른다.

☞ 컬러링 시술 시 주의점

- 사용 후 병의 입구를 항상 깨끗이 닦아서 보관(공기가 들어가서 빨리 응고되는 것을 방지)
- 사용 전 병을 좌우로 비벼서 사용(위와 아래로 흔들 때 붓대 위쪽에 폴리시가 덩어리가 질 수 있음)
- 붓이 부채꼴로 잘 펼쳐지는지를 확인
- 1 Coat는 프리엣지 포함하여 발라 주고, 2 Coat는 프리엣지를 빼고 컬러링
- 손톱 주변의 피부에 묻지 않도록 주의하여 컬러링

〈 표 15-19 〉컬러링 시술 방법

| 컬 러 링 | | 시 술 방 법 |
|---|---|---|
| 조체 중앙 컬러링 하기 | 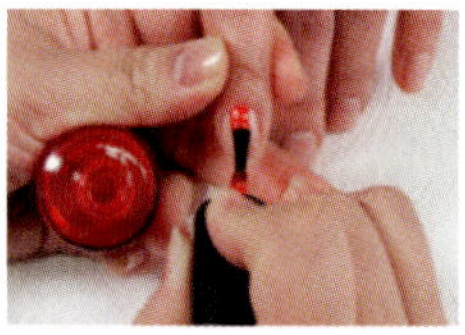 | • 큐티클 라인 바로 앞에서 0.2㎜ 간격을 띄우고 브러시 끝을 45° 각도로 프리엣지까지 가볍게 쓸어내림<br>• 손톱 표면 중앙에 브러시를 두고 큐티클 쪽으로 최대한 가까이 밀어 준 다음 프리에지 방향으로 컬러링 |
| 조체 내 우측 컬러링 하기 | 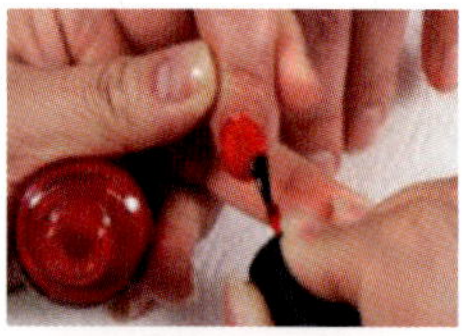 | • 손톱의 오른쪽으로 브러시 끝을 굴린 상태에서 위에서 아래로(반월 → 프리에지)로 컬러링<br>• 큐티클 라인에 최대한 가까이 동그랗게 컬러링 |
| 조체 내 좌측 컬러링 하기 | 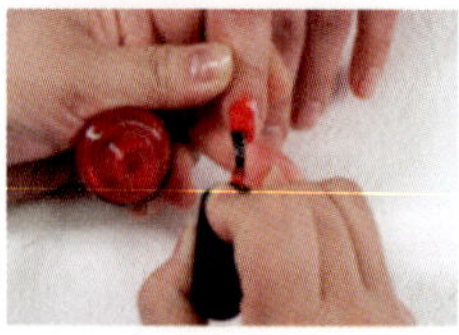 | • 손톱의 왼쪽 부분을 브러시 끝으로 굴려서 바르고 뭉친 부분이 없도록 컬러링(뭉친 부분은 가볍게 쓸어내림)<br>• 큐티클 라인에 최대한 가까이 동그랗게 컬러링 |
| 프리에지 마무리하기 | 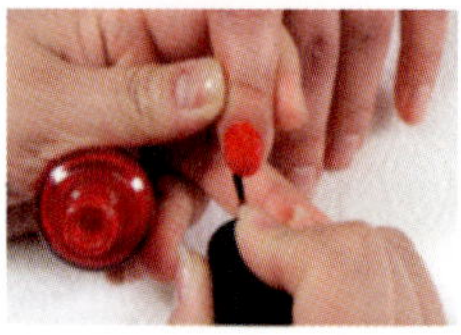 | • 브러시에 남아있는 컬러를 이용하여 손톱의 프리엣지 부분을 발라 줌<br>• 붓을 세워 손톱의 프리에지 부분만 컬러링<br>• 손톱 안으로 컬러가 들어가지 않도록 주의 |

### (3) 폴리시 지우는 방법(리무빙, Removing)

화장솜을 반으로 접어 리무버를 적셔서 솜의 접힌 부분이 큐티클 라인 쪽으로 향하도록 한다. 오른쪽에서 왼쪽으로, 앞으로 또는 솜을 둥글리듯이 지운다.

이때 주의점은 짙은 컬러를 지울 때 문질러서 지우면 큐티클 라인에 번질 수 있으므로 가볍게 눌러 닦아 낸 다음에 솜을 접어서 깨끗한 면으로 다시 닦아낸다. 또한 리무버가 닿는 손톱의 자극을 최소화하기 위해 폴리시 리무버를 솜에 충분히 적셔 준 다음 표면에 5~6초 정도 눌러주고 나서 리무빙을 실시한다.

〈 표 15-20 〉 컬러링 명칭

| 종 류 | | 특 징 |
|---|---|---|
| 풀 코트<br>(Full Coat) |  | • 손톱 전체를 바르는 방법 |
| 프리엣지<br>(Free Edge) |  | • 물건 등을 잡을 때 가장 먼저 닿는 벗겨지기 쉬운 부분으로 프리엣지 부분에 폴리시를 하지 않는 방법 |
| 헤어라인 팁<br>(Hairline Tip) | 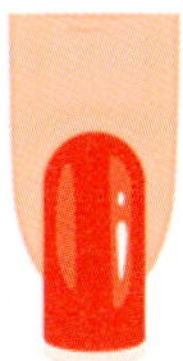 | • 프리엣지와 같은 이유로, 전체를 발라준 후 손톱 끝 둘레를 약 1~1.5㎜ 닦아주는 방법 |
| 슬림 라인<br>(Slim Line) or<br>프리 월<br>(Free Walls) |  | • 손톱을 가늘고 길게 보이도록 하는 방법으로 손톱 양옆을 1.5㎜ 남겨놓고 바르는 방법 |

| 반달형<br>(Half Moon)<br>or<br>(Lunula) |  | • 손톱의 반달부분을 남겨놓고 바르는 방법 |
|---|---|---|
| 프렌치 코트<br>(French Coat) |  | • 옐로 라인을 따라 바르는 방법 |
| 딥 프렌치 코트<br>(Deep French Coat) | 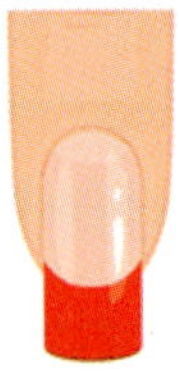 | • 플레이트의 2/3 지점까지 컬러링 |
| 그라데이션<br>(Gradation) |  | • 단색기법<br>– 스펀지 맨 윗부분(반월)부터 프리엣지를 향하여 점차 그라데이션<br>• 2가지 이상 색을 이용한 기법<br>– 스펀지 맨 윗부분부터 옅은 색에서 진한 색 순서로 3등분하여 폴리시로 바르기<br>– 손톱 판(조체)에 90°를 유지하면서 스펀지를 톡톡 두드리듯 도포 |

## 2. 매니큐어(Manicure)

국가기술자격시험 기준에 준한 손의 소독과 손톱 모양 및 길이 정리, 큐티클 정리 등의 일련의 과정을 익혀보자.

### 1) 매니큐어링

#### (1) 손 소독하기(시술자 + 모델)

소독제를 듬뿍 적신 후 시술자의 손을 먼저 닦은 뒤 모델의 손을 닦아 준다. 솜은 시술자의 3지에 끼워 손바닥, 손등, 손가락을 닦아 준다. 손가락을 닦을 때는 5지에서 1지순으로 닦아 준다. 시술자의 손을 닦은 뒤 고객의 손등과 손가락을 닦아준다. 이때도 손가락은 5지에서 1지 순으로 닦아주고 왼손부터 소독한다.

#### (2) 네일 폴리시 제거하기

손 소독이 끝나면 화장솜에 폴리시 리무버를 묻혀서 고객 손톱의 폴리시를 제거한다. 시술자의 2, 3지 또는 1, 2지를 이용하여 솜을 반으로 접어 리무버를 펌핑하여 5지 손가락부터 1지 손가락 순으로 리무빙한다.

#### (3) 손톱 모양 다듬기

자연네일의 파일링에는 에머리보드 파일(우드 파일)을 이용한다. 오른편 스트레스 포인트에서 손톱의 중앙을 향하여 파일링 후 왼편도 손톱의 중앙을 향하여 한쪽으로 파일링한다. 이때 손톱의 형태나 길이는 고객의 취향에 따라 시술하도록 한다.

#### (4) 샌딩하기

손톱 면이 고르지 않으면 시술자의 1지와 3, 4지를 이용하여 샌딩을 잡아 조체 표면을 가볍게 버핑(buffing)한다. 이는 표면의 유분기를 없애주고, 표면을 균일하게 만들어 컬러링이 쉽도록 도와준다.

### (5) 거스러미 제거하기

파일링 작업 시, 손톱에서 나온 불필요한 거스러미를 더스트 브러시(Dust Brush)나 디스크 패드(Disk Pad)로 깨끗이 정리한다. 만약, 에그셸 네일(Eggshell Nail)이나 건조하고 얇은 손톱의 경우는 손상이 적게 가도록 주의한다.

### (6) 큐티클 연화하기

오른손의 파일 작업이 끝나고 왼손 작업을 하는 동안 먼저 오른손을 미온수가 담긴 핑거볼에 담가 큐티클을 연화시킨다.

### (7) 손가락 물기 말리기

적당한 시간이 지난 후, 모델의 손을 핑거볼(Finger Bowl)에서 꺼내 페이퍼 타월(Paper Towel)로 물기를 제거한다.

### (8) 큐티클 리무버 바르기

물기를 제거한 손톱에 큐티클 리무버 또는 큐티클 오일을 발라 큐티클을 충분히 연화시켜 준다.

### (9) 큐티클 밀어 올리기

큐티클 리무버를 발라 연화된 큐티클은 푸셔를 45° 각도로 연필 잡듯이 잡고 자연 손톱판이 최대한 긁히지 않도록 큐티클을 가볍게 밀어 올려준다.

### (10) 큐티클 잘라내기

밀어 올린 큐티클은 니퍼 날의 ⅓만 큐티클에 닿도록 하여 제거한다.

### (11) 소독제 분무하기

모델 손의 큐티클 제거가 끝나면 조상연 주위에 소독제를 뿌려준다.

### (12) 유분기 제거하기

소독 후 오렌지 우드스틱 끝에 솜을 말아서 폴리시 리무버를 적셔 손톱판과 프리엣지 밑(하조피)에 묻어있는 유분기를 제거한다.

### (13) 매니큐어 컬러링

유분기를 제거한 손톱에 컬러를 부여하여 아름다움을 색채로 표현하는 네일 기술이다. 베이스 코트를 먼저 발라서 자연 손톱의 착색을 방지하고, 자연 손톱과 폴리시의 밀착력을 높여준다. 그다음 네일 컬러를 조체에 2~3회 반복하여 얇게 바른 후 탑 코트를 발라준다. 탑 코트는 컬러링 된 손톱 판에 코팅막을 형성하여 광택과 지속력을 향상시킨다.

## 2) 페디큐어

발과 발톱을 건강하고 아름답게 가꾸기 위한 네일케어 과정으로 매니큐어 과정과 동일한 과정으로 실시한다. 시술자의 손을 소독하고 모델의 발을 소독한다. 이때 발의 소독과정 순서는 발등, 발바닥, 발톱의 순서로 소독한다.

소독이 끝나면 폴리시를 제거하고 에머리보드 파일을 이용하여 아치형의 자유연이 직선이 되도록 한쪽으로만 파일링한다. 발톱의 표면이 고르도록 조체 표면을 매끄럽게 한 후 부드러운 파일(240 그릿)로 측면과 발톱의 정면을 가볍게 문지르고, 거스러미가 있으면 디스크 패드를 이용하여 제거한다.

그리고 미온수가 담긴 각탕기에 발을 담가 큐티클을 연화시킨 후 큐티클 리무버를 발라주고 푸셔로 밀어 올려준다. 니퍼를 사용하여 큐티클을 잘라내고 소독제를 뿌려준다.

오렌지 우드스틱 끝에 솜을 말아 폴리시 리무버를 적셔 발톱과 프리엣지 밑(하조피)에 묻어있는 유분기를 제거하고 컬러링한다.

## 3. 네일아트 디자인

네일아트는 네일을 다듬는 네일케어와는 개념이 다르다. 이름에서 알 수 있듯이 손톱에 하는 아트이다.

네일아트의 종류와 기법에는 여러 가지가 있지만, 그 중에서 가장 대표적인 핸드페인팅(Hand Painting), 라인스톤(Rhinestone), 워터데칼(Water Decals), 스트라이핑 테잎(Striping Tape), 호일(Foil), 마블(Marble), 스테인드 글래스(Stained Glass, 3D(3 Dimension), 에어브러쉬(Airbrush) 등에 대해서 알아보자.

〈 표 15-21 〉 네일아트의 종류

| 디자인 | | 특징 |
|---|---|---|
| 핸드 페인팅 |  | • 네일아트 기법 중 가장 기본적인 기법<br>• 아트 물감을 브러쉬를 이용해서 손으로 직접 그려 디자인을 완성하는 기법 |
| 라인스톤 |  | • 큐빅과 같은 인조 보석으로 디자인하는 기법<br>• 손의 모양과 색상, 크기에 따라서 여러 가지 종류로 나눌 수 있는데 제품의 질에 따라 광택, 선명도가 다름 |

| | | |
|---|---|---|
| 워터데칼 |  | • 이미 완성된 그림 스티커로 되어있는 제품을 물에 불린 후 떼어서 손톱 위에 붙이는 기법<br>• 간단한 기법으로 초보자도 셀프네일이 가능함 |
| 포크아트 |  | • 원래 철제, 가구 등에 그림을 그린 것에서 유래된 일종의 그리기 기법 |
| 마블 |  | • 다양한 컬러의 폴리쉬를 네일위에 바르거나 떨어뜨린 후 뾰족한 도구로 이리저리 움직여 불규칙적이면서도 운동적인 문양을 만드는 기법 |
| 3D |  | • 네일 위에입체감을 주는 기법 |

/ MEMO /

CHAPTER **16**

# 미용경영과 마케팅

**학습 목표**

일반 경영과 마케팅의 개념을 이해하고, 뷰티살롱의 경영과 마케팅 전략을 학습한다.

## 1. 경영(Management)

### 1) 경영의 정의

경영이란 영리를 추구하는 조직뿐만 아니라 본질적으로 우리 생활에서 만나게 되는 모든 조직(공공기관, 병원 등의 비영리 기관 등을 포함한 모든 조직)을 대상으로 지속적이고 합리적으로 조직을 다루는 과정을 말한다. 인적·물적 자원을 구입 및 투입하여 제품이나 서비스를 생산하고 이를 판매하는 일련의 과정도 포함한다. 요약하면 경영은 조직의 이용 가능한 자원을 효율적으로 활용하기 위해 계획을 수립하고 그에 따라 실행하며, 그 결과를 계획과 비교하여 통제하는 것이라 할 수 있다.

☞ 경영이란?

- 계획 : 경영 목표를 세우고 이를 달성하기 위한 효율적 방안을 찾는 의사결정
- 실행 : 목표 달성을 위해 조직의 모든 자원을 효율적으로 활용하는 의사결정
- 통제 : 실행 결과가 계획대로 진행되는지 평가하고, 문제가 있을 때 수정하고 피드백 하는 의사결정

나라마다, 학자마다 경영에 대한 정의를 조금씩 다른 초점으로 정의하고 있다. 행동론적 관점에서 동태적 개념으로 정의하는 미국의 경영학은 목표를 달성하기 위하여 모든 자원을 효율적으로 활용하는 과정이라 정의한다. 독일은 구조론적 관점에서 (생산단위, 경제단위와 같은)정태적 개념으로 정의하고 있다.

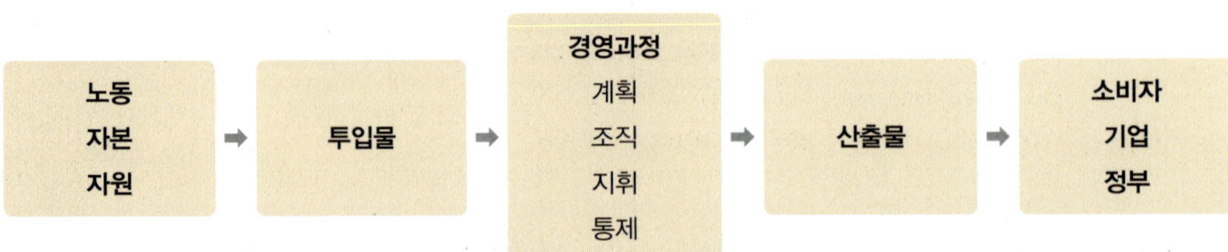


〈 그림 15-1 〉 경영의 과정

〈 표 15-1 〉 학자별 경영 개념의 정의

| 학 자 | 정 의 |
|---|---|
| 루 & 바이어스 | • 경영이란 조직의 목적이나 목표를 달성할 수 있도록 사람들에게 방향을 제시해 주는 활동의 형태나 과정 |
| 쿤츠 | • 경영은 의미 있는 조직목표들을 성취하기 위해 가능한 한 가장 효율적인 방법으로 조직의 일을 계획하고, 조직하고, 충원하고, 지휘하고, 통제하는 활동 |
| 시로프 | • 경영이란 산출물(제품, 서비스)을 생산하려는 목적으로 투입물(인적자원과 경제적 자원)을 할당하는 과정 |
| 스토너 | • 경영이란 사람들을 통하여 과업들을 수행하게 하는 예술 |
| 드러커 | • 경영은 과업이다. 경영은 규율이다. 하지만 경영은 또한 사람이다. 경영의 모든 성과는 경영자의 성과이다. 모든 실패는 경영자의 실패이다. 사람들은 '힘'을 경영하기보다는 '사실'을 경영한다. |
| 로빈스 | • 경영이란 사람들로 하여금 일을 효율적이고 효과적으로 수행하도록 하는 과정 |

## 2) 경영의 요소

전통적으로 경영 3요소는 사람(Man), 돈(Money), 물자(Material)로 3M이라고 한다. 현재는 여기에 정확한 의사결정을 위한 정보, 치열한 경쟁에서 생존, 성장할 수 있는 전략 등의 새로운 경영 요소가 추가된다. 향후에는 이러한 경영 요소 이외에도 지식이나 기술 등 새로운 형태의 요소가 계속 추가되리라 본다. 그래서 경영의 3요소에 전략과 정보를 포함하여 경영의 4요소라고 한다.

### (1) 경영의 목적

경영하기 위해서는 목적이 분명히 제시되어야 하며, 경영이 조직의 목적을 달성하기 위한 것이라면 경영의 목적은 조직의 목적이다. 곧, 기업은 이윤을 추구하는 조직이며 기업 존립의 기초가 된다.

### (2) 인적자원(노동)

경영의 요소 중 유일한 능동적 요소로 인적자원의 중요성이 강조되고 있으며 기업은 우수한 인재 확보를 위해 많은 노력을 한다. 모든 일은 사람에 의해서 이루어지기 때문에 사람을 상대로 하는 사람경영이라고도 한다.

#### (3) 물적자원(자본)

경영을 위해 물적자원, 즉 자본이 필요하다. 좁은 의미에서 자본은 돈을 의미하지만 자본 중에는 실물 자본도 포함한다. 물적자원을 조달하는 방법은 자기자본 조달하는 방법과 타인에게 빌리는 방법이 있다. 자본 조달에서 중요한 것은 저렴하게 오랫동안 쓸 수 있는 자본을 조달하는 것이다.

#### (4) 전략과 정보

전략은 앞으로의 방향을 제시하고, 기업이 어떤 방향을 지향할 것인지, 그리고 이를 어떻게 실현 시킬 것인지 결정하는 일련의 활동을 말하고 정보는 정확한 의사결정을 하기 위해서는 필요하다. 특히 남이 가지지 않은 정보는 경쟁력을 가지며 경영의 승패를 좌우하기도 한다.

### 3) 경영활동의 원리

경영활동의 원리는 경영 목표를 위한 의사결정의 원리로서, 선택의 문제라고 할 수 있다. 선택의 원리는 효과성, 효율성, 수익성, 경제성, 생산성원리를 말한다.

#### (1) 효과성

효과성은 경영 목표의 달성 정도를 말하는 것으로, 개별적 성과의 종합하고 환경과의 적합성도 포함하고 결과를 중시한다.

#### (2) 효율성

효율성은 유한 자원의 활용 정도를 말하며, 생산과정에서 생산증가분과 투입자원과의 비율을 말한다. 즉, 자원의 활용도가 높다는 것은 효율성이 높다는 것을 의미한다.

#### (3) 수익성

수익성은 곧 이익이며, 영리 원칙이라고도 하며 최대이윤을 얻고자 하는 원리이다. 경영에서 우리는 필연적으로 수익성을 찾으려 한다. 자본 수익성은 목표와 수단, 성과와 희생, 이익과 투입자본으로 나타낼 수 있으며 높을수록 좋다.

수익성의 원리는 기업 활동의 대가로서 최대의 수익성을 추구하며, 이는 이윤극대화 원칙과 직결한다.

#### (4) 경제성

최소 비용으로 최대 효과를 얻는 것이 경제성이다. 이러한 경영활동의 원리는 비영리 조직체로까지 확대되면서 수익성 원리보다 포괄적 의미를 내포하고 있다.

#### (5) 생산성 원리

생산성의 원리는 효율성과 비슷한 개념으로 수익성이나 생산성은 경제적 가치를 양적으로 측정한 경제성 원리를 물량으로 나타낸 결과이다. 결국 선택원리로서의 수익성 원리, 경제성 원리, 생산성 원리는 같은 개념이라고 볼 수 있다.

### 4) 경영의 기능

경영의 기능은 생산성을 높이고 비용을 최소화하기 위하여 기본 기능인 관리 기능(Management Function)과 업무 성격에 따라서 요구되는 기본 기능인 업무 기능(Operation Function)으로 구분한다.

관리 기능은 다시 크게 계획(Planning), 조직화(Organizing), 지휘(Leading), 통제(Controling)의 4가지 기능으로 분류한다. 이 4가지 기능들은 시간의 흐름에 따라 조직 목표 달성 측면에서 지속적인 개선이 이어지고 피드백이 되어야 한다.

#### (1) 계획

계획은 경영자들이 예감보다는 어떤 방법이나 혹은 논리에 기초하여 자신의 목표와 행동을 생각하는 과정이다. 계획과정을 통하여 목표가 부여되고 그 목표 달성을 위한 절차가 수립된다.

### (2) 조직화

조직화란 개별 구성원이 성공적인 목표를 달성할 수 있도록 종사자들의 업무와 권한, 자료들을 배치하고 조정하는 과정이다. 각기 다른 조직의 목표는 다른 구조를 필요로 한다.

구성원 간의 상호관계와 시간은 조직화 과정에서 중요한 사항이다. 즉, 경영자는 조직화 기능을 통하여 조직 내에서 가장 효율적인 상호관계의 틀을 구성하고, 또한 시간적으로 조정된 관계를 통해 미래 계획을 잡고 대응해야 한다.

### (3) 지휘

지휘는 종사자들이 핵심적인 과업을 수행하도록 지시하고 동기부여 시키는 과정이다. 이 과정에서도 구성원 간의 상호관계와 시간은 핵심 요건이다. 경영자는 지휘 기능을 통하여 계획화 조직화 단계에서 구현할 미래를 추구하는 데 동참할 구성원을 설득하려고 시도하고, 아울러 적절한 동기부여 설정을 통해서 구성원이 최선을 다하도록 유도한다.

### (4) 통제

경영자는 구성원들이 제시된 목표를 향해 나아가는지를 점검하는 것이 통제 기능이다. 통제 기능의 요소는 행동 기준 마련, 최근 행동의 측정, 최근 행동과 기준과의 비교, 오차가 발생하였을 때 이의 조정과 통제이다.

## 2. 조직

### 1) 조직 (Organization)의 정의

조직이란 사람들이 공동의 목표를 달성하기 위해 일정한 체계를 갖고 모인 단체이며, 체계화된 조직구조를 갖고있는 인간의 집합체이다. 이러한 조직의 의미에 대한 다양한 정의를 살펴보면 다음과 같다.

#### (1) 허즈버그(F. Herzberg)의 정의

'정치조직, 종교조직, 기업 등 여러 가지 조직 속에서 각 개인이 의미 있는 존재가 되고자 하는 인간적 욕구를 만족시켜 주는 곳'으로 정의한다.

#### (2) 스코트(Scoot)와 블라우(P. Blau)의 정의

'조직이란 특별한 공동의 목표를 추구하며, 그 목표 달성을 위하여 효율적으로 운영을 가능하게 하는 치밀한 의도속에서 의식적으로 구조화된 사회적 단위 (social unit)'라고 설명하였다.

#### (3) 피프너와 셔우드의 정의

'다수의 구성원에 의해 이루어지는 조직은 모든 구성원 간의 대면적 접촉(face-to-face -contact)이 수월하게 이루어질 수 없는 구조로 되어 있으며, 따라서 구성원은 다양한 각자의 업무수행과정을 통해 조직 내 구성원들과 업무적 연관성을 갖게 되고, 이를 통해 공동의 목표 달성을 위해 협력해야 하는 존재'로 조직을 설명한다.

### 2) 조직의 특성

다양한 조직의 정의에 따른 사회적 조직을 자세히 분석해 보면 다음과 같은 몇 가지 공통적인 특성이 있다.

### (1) 달성하고자 하는 독특한 목표를 갖고 있다.

대학은 학생들에게 지식을 전달하거나 진리를 탐구하는 데 목적이 있으며, 기업은 기업 활동을 통해 부가가치, 즉 영리 추구의 목적이 있다.

☞ 비영리조직 & 영리 조직

- 비영리조직 (non-profit organization) : 대학, 정당, 종교단체와 같이 영리를 추구하는 데 목적이 있지 않은 조직
- 영리 조직(profit-seeking organization) : 기업조직과 같이 영리를 추구하는 조직

### (2) 모든 조직은 사람으로 구성되어 있다.

조직은 인간의 집합체라고 할 수 있다. 가령 학교의 구성은 강의실이 있는 건물과 운동장 등 기타 부대시설로 구성되어 있다. 그러나 그 자체로는 조직이라고 할 수 없으며 학교의 목표를 달성하기 위하여 사람들이 모여 상호작용하는 경우에만 조직이라고 할 수 있고, 학교 시설은 목표를 달성하기 위한 수단에 불과하다.

### (3) 조직은 그것을 구성하는 구성원의 행동을 정의하거나 제한하는 체계화된 구조를 갖추고 있다.

체계화된 구조란 조직의 목적을 달성하기 위하여 구성원의 행동을 이끌어가는 규칙이나 규정, 구성원이 특정 직무를 수행하도록 명시한 직무기술서 및 다른 구성원에게 영향력을 행사할 수 있는 권한 체계 등을 말한다. 구성원은 체계화된 구조 속에서 상호작용하면서 조직의 목표를 달성하기 위해서 노력한다.

## 3) 조직의 필요성

현대 산업사회에서 우리는 조직 없이는 살 수 없다.

### (1) 조직은 사회에 기여한다.

각 조직은 나름대로 문화적으로 수용되는 어떤 가치(values)와 필요(needs)를 충족시

키는 일종의 사회기관이며, 하나의 하위사회로서 조직은 우리가 문명화된 방법으로 더불어 살아가도록 하며, 목표를 달성하도록 한다.

#### (2) 조직은 목표를 달성하게 한다.

사회의 각 조직은 자기조직의 목표를 달성하면서 다른 조직이 목표를 달성하는데 기여한다.

#### (3) 조직을 통한 제 자원 획득과 지배하는 역할을 한다.

조직은 지식을 통해 과거, 현재, 미래를 연결하는 가교역할을 하며 새로운 지식을 개척함으로써 인류가 발견한 기존의 지식의 양을 증가시키는 데 기여한다.

### 4) 조직 운영의 일반적 원칙

#### (1) 계층화 (Hierarchy

모든 조직은 추구하는 궁극적인 목표 달성을 위하여 효율적인 조직 관리가 필요하며, 직위와 직책의 배분에 따른 구성원 간의 계급과 서열이 정해진다. 각 계층과 등급에 대한 업무 분담과 그에 대한 책임과 권한 및 의무가 규정되고, 조직의 효과적 통제를 위한 명령과 지휘, 감독 체계가 확립되는 계층화가 이루어지게 된다.

#### (2) 명령일원화 (Unity of commend)

조직구조의 다양한 분화는 효율적 업무수행과 목표 달성을 위해 조직 내 각 부서 간 또는 필요에 따라 형성되는 한시적 조직 내에서 내부적 업무수행의 협조체제가 필요하다. 조직의 구성원들은 정해진 한 사람의 상급자에게서만 명령과 지시를 받고, 그 상급자에게만 보고하게 하는 명령일원화의 원칙을 운영한다.

#### (3) 권한위임 (Delegation of authority)

조직은 부여된 권력에 대한 집권적 성향을 갖고 있다. 특히 조직 내부의 특정한 사람이나 부서에 지나치게 강한 권략이 집중되게 되면, 조직운영의 부조화된 생산성 저하 등의 비효율성이 나타나게 된다. 효과적 조직 관리를 통한 생산성 향상을 위해 집중된 상급자의 권한을 하급자에게 이양(empowerment) 하고, 권한을 이양받은 하급자는 부여받은 권함을 허용된 범위 내에서 자의적 의지의 책임감에 따라 적극적으로 행사함으로써 소유한 능력을 최대한 발휘하여 조직의 생산성을 극대화해야 한다는 것이 권한 이양의 원칙이다.

### (4) 책임과 권한(Responsibility and Authority)

조직 내에는 다양한 계층과 직위가 있으며, 이에 따라 적절한 직무가 분배되고 이들의 직무 수행은 조직의 생산성 극대화를 위한 효율적 연계성을 기초로 개별적 직무에 대한 업무적 책임과 권한을 부여받아 이에 상응하는 직무를 수행하게 된다. 이때 부여받은 각자의 업무와 직위에 대한 책임과 권한은 조직의 구조적 질서와 엄위 내에서 최대한 사용될 수 있다.

### (5) 조정(coordination)

조직은 스스로 존재의 의미와 공동의 목표를 달성하기 위해 다수의 하부조직을 구성하여 운영하게 된다. 하부조직이 수행하게 되는 다양한 업무들은 각자의 전문성에 따라 분업화되고, 원활한 업무수행을 통한 목표 달성을 위해 조직 전체와 하부조직 내의 구조적 균형의 유지를 위하여 지속적인 조정의 과정이 필요하다.

## 3. 뷰티살롱에서의 경영

### 1) 뷰티살롱 경영의 개념

미용경영은 시대의 변화와 더불어 인적, 물적, 경영자원, 기술자원, 미용 정보와 지식적 자원을 활용하여 뷰티살롱의 원장이나 경영자가 이를 계획하고, 종업원들의 직무와 권한들을 배치하고 조정하는 조직화, 종업원들이 맡은 바 직무를 잘 할 수 있도록 그들을 지시하고 동기부여를 시키는 지휘과정, 종업원들이 제시된 목표를 향해서 제대로 나가고 있는지를 점검하는 통제기능을 통하여 생산적이며 비용을 최소화하여 성공적인 뷰티살롱을 만들어가는 실천적 학문이다.

#### (1) 인적자원

뷰티살롱의 인적자원은 경영자, 매니저, 디자이너 및 인턴, 주니어, 고객, 재료 공급자, 컨설턴트 등이 있다.

#### (2) 물적자원

물적자본으로는 자기의 자본이든 타인의 자본이든, 현금, 카드, 인테리어, 시설, 미용기구 및 용구, 미용재료, 소품, 위생설비, 미용 상품 등을 말한다.

#### (3) 기술적 자원

미용경영의 기술적 자원은 커트, 피부관리, 퍼머넌트, 염색(컬러), 코팅, 업스타일, 세팅, 컬링, 블로우 드라이, 메이크업, 기기 사용법, 고객 상담 능력, 작업 자세와 태도, 작품 스타일 등이 포함된다.

#### (4) 경영적 자원

경영적 자원은 회계(돈)관리, 인적 자원 관리, 기술 관리, 마케팅 관리 등을 말한다.

### (5) 미용정보 및 지식적 자원

컴퓨터를 이용한 인터넷과 미용경영 프로그램, 미용발달사, 인체해부학, 모발이론, 피부학, 색채학, 패션, 디자인, 상담 심리학, 해부 생리학, 향장품학, 공중보건학, 소독학 등을 미용정보 및 지식적 자원이라 한다.

### (6) 외부 환경

외부 환경은 사회, 문화적 일반 조건, 경쟁업소, 고객, 재료의 공급자 등이 있다.

## 2) 뷰티살롱 경영자의 유형

뷰티살롱의 경영자는 살롱을 성공적으로 운영하여 종업원들에게 안정적으로 일할 수 있는 터전의 제공과 조직구성원들을 동기부여와 자기 계발의 기회를 제공할 책임을 가져야 한다.

경영의 측면에서 볼 때 경영자는 크게 두 가지 차원에서 구분될 수 있으며 하는 업무도 달라진다.

〈 표 15-2 〉 경영자의 유형

| 유형 | 장점 | 단점 |
|---|---|---|
| 고용 경영자 | • 외부 환경 변화에 효과적으로 적응<br>• 민주적 리더십과 자율적 경영<br>• 경영관리의 합리화 | • 개인 이해와 뷰티살롱 이해의 혼동<br>• 개인 능력에 지나치게 의존<br>• 임기의 제한, 개인의 안정성 추구<br>• 단기적 이익과 성과에 집착 |
| 소유 경영자 | • 최고경영자의 강력한 리더십<br>• 과감한 경영혁신<br>• 뷰티살롱의 안정적 성장 | • 가족 경영, 족벌 경영의 위험<br>• 부와 권력의 독점<br>• 장기적 전망과 투자 부족 |

### 3) 뷰티살롱 경영자의 요건

#### (1) 경영철학 및 경영 이념

뷰티살롱 경영자에게 가장 필요한 덕목은 강력한 리더십, 트렌드를 읽는 감각, 전문지식과 풍부한 실전경험 등이 있다. 이 중에서 가장 중요한 것은 강력한 리더십으로 '무엇 때문에 뷰티살롱을 경영하는가?"라는 근본적인 질문에 대답을 찾아야 한다. 뿐만 아니라 내부 고객인 종사자들에게 경영철학과 미래에 대한 비전을 제시한다. 외부 고객의 만족을 끌어내기 위해서는 내부 고객이 종사자의 만족도를 최우선으로 끌어내도록 한다.

#### (2) 계획성을 가져라.

미용실의 경영 이념과 그 뷰티살롱만의 브랜드를 이미지화한다. 심벌마크와 로고체, 이미지 색상을 정하여 실내인테리어를 기준으로 간판, 유니폼, 명함, 판촉용품등에 적용한다. 디자이너 기술의 단계와 승급체계 및 영업방침을 전 종업원들에게 숙지시키고 회계장부를 만들어 체계적인 재무관리 분석해야 한다. 특히 디자이너 출신의 경영자들이 가장 취약한 부분으로 재무관리를 철저히 하여야 한다. 기술과 운영 능력이 아무리 뛰어나더라도 재무관리를 제대로 못하면 경영의 목적인 이익 창출에 실패하고 만다.

#### (3) 강점과 약점을 파악하라

경영자와 종업원은 수직의 관계가 아니라 수평의 관계, 파트너십으로 서로 도와주는 관계이다.

경영자는 자신의 강점과 약점을 충분히 파악한 후, 강점으로 리드하고, 약점은 종업원으로부터 도움을 받는다. 종업원은 약점을 감추지 않는 경영자의 태도를 오히려 신뢰하게 된다.

#### (4) 시스템을 만들어라

시술적인 부분에서 통일된 작업방식을 만들어 시스템화 한다. 커트, 염색, 퍼머넌트, 드라이, 업스타일, 샴푸 방법 등 기본 스타일과 응용 스타일을 구분하여 작업 방법을 시스템화 해야 한다.

## 4. 뷰티살롱 마케팅

'마케팅'이라는 말은 사회전반에 널리 사용되고 이미 뷰티살롱에서도 마케팅이라는 용어는 널리 사용되고 있다. 경영학이나 마케팅을 전공하지 않은 미용인들도 마케팅이라는 말을 친숙하게 사용되어지고 있다. 하지만 미용인들 중에는 마케팅을 홍보 즉, 영업활동만을 이해하는 경우도 있는데 마케팅 활동에는 홍보만 있는 것은 아니자. 마케팅에 대한 잘못된 시각과 인식의 개선이 필요하다.

### 1) 마케팅의 이해

#### (1) 마케팅의 기원

16세기 존재했던 라틴어 사전에 '메르카투스(mercatus)' 라는 단어를 찾아볼 수 있는데 이 단어의 뜻은 시장, 상인이라는 뜻이며 이 단어에서 파생되어 생긴 단어가 'market' 이라는 단어이며 이 단어에 -ing가 결합해 지금의 'marketing'이 생겼다. 오늘날 시장에서 교환이 원활하게 일어나도록 누군가에 의해 주도되는 의식적 활동을 의미하는 것이 마케팅으로 되었다.

#### (2) 마케팅의 정의(미국 마케팅협회, 1985)

미국 마케팅협회에서 마케팅은 교환을 창조하는 과정으로 봄으로써 교환을 마케팅의 중심적인 연구 대상으로 삼았다. 교환대상은 재화와 용역에 국한하지 않고 아이디어까지 포함하며 마케팅의 범주를 경제적인 활동에서 사회적인 활동으로 확장하였다.

#### (3) 뷰티살롱 마케팅

뷰티살롱의 마케팅도 미국 마케팅협회가 정의한 정의를 따르면, 고객의 헤어스타일을 향상시키기 위한 새로운 기술을 끊임없이 개발함으로써 다양한 고객의 요구를 만족시켜주고 서비스의 개념화, 가격결정, 촉진, 유통을 계획하고 수행하는 과정을 말한다.

고객들이 뷰티살롱 자체에 만족을 느끼도록 하기위해 '어떤 스타일을 시술할 것인가?'를 생각하는 영업 이전 활동과 고객 시술 후 활동을 포괄하는 매우 광범위한 활동을 말한다. 영업행위(미용 상품을 시술하고 요금을 받는 행위 자체)는 마케팅의 극히 일부이며 고객 지향적 마케팅, 시장 지향적 마케팅을 지향해야 한다.

## 2) 뷰티살롱 마케팅의 본질

오늘날 뷰티살롱 경영은 기술 중심 경영에서 고객중심 경영으로 옮겨가고 있는 추세이다. 고개중심 경영으로 옮겨가고 있는 변화의 원인은 각 개인의 지식과 소득 수준 향상으로 고객욕구의 차원이 높아지고 있다. 고객의 욕구를 알아내는 일이 어려워졌고, 고객 본인조차 자신의 욕구를 정확히 파악 못하고 있는 경우가 많기 때문이다.

뷰티살롱의 대형화로 합리적인 운영 필요성과 뷰티살롱 경영자들은 마케팅 컨셉의 당위성 자각함으로써 고객 중심 경영으로 옮겨지고 있다. 그리고 오늘날 미용시장 영업환경의 변화도 한몫하고 있다. 경영자는 영업방침 및 각종 행사를 통해서, 종업원은 친절과 서비스를 통해 상대적으로 까다롭고 요구사항이 많아지는 고객의 이탈 방지를 위해 노력을 아끼지 않는 미용시장 영업환경의 변화가 그 이유이다.

〈 표 15-3 〉고객지향적 마케팅과 기술지향적 마케팅의 차이

| 고객지향적 마케팅 | 기술지향적 마케팅 |
|---|---|
| • 고객 중심 | • 개인 중심 |
| • 고객 시장 넓음 | • 고객 시장 좁음 |
| • 시장조사 | • 기술조사 |
| • 시장 중심적 가격결정 | • 원가 중심적 가격결정 |
| • 고객의 욕구와 유행의 흐름에 따름 | • 기술의 기능 및 활용 중시 |
| • 고객 매출의 수단으로 간주 | • 시술하는 장소로 간주 |
| • 고객 스타일과 미용시장 선도자로서의 이미지 | • 미용기술면에서 선도자 이미지 |

## 4) 뷰티살롱 마케팅 전략

☞ STP 전략

– Segmentation(시장세분화), Targeting(표적시장선정), Positioning(제품 포지션)

### 1) 뷰티살롱의 고객시장세분화

효과적인 마케팅 믹스를 위해서 전체 미용시장을 시술상품에 대한 시술욕구가 비슷한 혹은 영업에 의미 있는 동질적 부분 미용시장으로 나누는 작업이 뷰타살롱 고객시장의 세분화이다.

☞ **동질적 부분 미용이란?**

대학가 주변이나 아파트 상가 등과 같이 고객들의 시술 제품 또는 서비스에 대한 요구가 거의 동일한 경우가 많다.

고객의 욕구가 다양해지면서 비차별적 마케팅이 효과를 거두기 힘들다. 따라서 미용시장 세분화는 필연적이다.

〈 표 15-4 〉뷰티살롱 시장세분화의 기준

| 세 분 화 | 기 준 |
|---|---|
| 지리적 변수 | • 지역, 인구밀도, 도시의 규모 등 |
| 인구 통계적 변수 | • 나이, 성별, 가족 규모, 가족 나이차, 소득, 직업, 교육 수준 |
| 심리 분석적 변수 | • 사회적 계층, 라이프스타일 |
| 행동 분석적 변수 | • 추구하는 스타일, 방문 준비단계, 방문 수, 상호 이미지, 중요시되는 마케팅 변수, 고급 선호도, 가격민감도 등 |

### 2) 뷰티살롱의 표적시장 선정

| 비세분화 마케팅 | 집중 마케팅 |
|---|---|
| • 다수의 공통되는 고객들의 욕구 주목<br>• 대표적 미용 시술 상품과 표준화 마케팅믹스<br>• 비용 절약(시장 세분화가 필요 없으므로 시장조사 및 세분화 작업에 따른 비용 절감)<br>• 다양한 고객층의 욕구 충족 어려움 | • 하나의 세분시장만을 표적으로 삼아 마케팅믹스<br>• 뷰티살롱 표적시장을 전문화 할 수 있음(표적시장에만 집중함으로 표적시장 내 고객의 욕구와 성격을 정밀하게 분석하여 최적의 마케팅 믹스 개발)<br>• 미용시장의 불확실성에서 오는 리스크(모든 마케팅 노력과 영업성과를 표적시장에만 집중하므로 시장 수요에 변화가 오면 타격) |

### 3) 뷰티살롱 시장 포지셔닝

뷰티살롱 시장 포지셔닝이란 고객 마음속에 자신의 뷰티살롱 시술상품을 원하는 위치로 부각시키려는 노력을 말한다. 포지셔닝은 시술상품이 주는 손질의 편리성, 시술 의도, 경쟁 뷰티살롱의 시술제품, 주이용 고객 등을 기준으로 하여 정한다.

## 저자소개

**이지현(Lee Ji-Hyun)**
dodo1750@naver.com
현) 부천대학교 융합학과 외래교수
서경대학교 미용경영 석사졸업
서경대학교 문화예술 박사졸업
국민대학교 컨버전스학과 외래교수
서경대학교 미용예술학과 외래교수
한국산업인력공단 미용사(메이크업)실기감독위원
사) 한국헤나협회 조직위원(메이크업 자문위원)
사) 한국방송뷰티코디네이트 진흥원 운영위원
저서) 이미지 메이킹 / 국가기술자격증 패션스타일리스트 실기서 외

**윤경아(Yoon Kyang-A)**
papayaverte@daum.net
현) 부천대학교 뷰티융합비즈니스 겸임
현) Y&K 뷰티살롱 원장
부천대학교 평생교육원 외래교수
건국대학교 산업대학원 향장학 석사 졸업

**김종숙(Kim Jong-Sook)**
rwt0623@bc.ac.kr
현) 부천대학교 뷰티융합비즈니스 특임교수
한양대학교 예술대학원(에리카) 겸임교수
중앙대학교 예술대학원 외래교수
경희대학교 미래지식산업원 외래교수
경기대학교 평생교육원 주임교수
명지대학교 뷰티예술학과 겸임교수

**유혜경(Ryu hye-kyoung)**
amy428@naver.com
현) 한성대학교 크리에이티브예술학과 패션과 외래교수
숙명여자대학교 의류학과 석사졸업
숙명여자대학교 의류학과 박사수료
서울예술진흥원 대표
서울패션위크 디자이너팀 자문의원
현대백화점, 신세계백화점, 롯데백화점 Shopmaster 전문강사
LF패션, 제일모직, 형지어패럴, 동광어패럴 직원교육 전문강사
저서) 국가기술자격증 컬러리스트 이론, 실기서 / 국가기술자격증 패션스타일리스트 실기서 외

**윤현경(Yoon Hyun Kyong)**
hairmaster@naver.com
현) 서울전문학교 뷰티예술과 학과장
건국대학교 교육대학원 석사졸업 (미용교육전공)
NCS 과정평가형자격 교육훈련전문가
블라인드 NCS활용 면접관 자격전문가
코리아리크루트 블라인드 공공기관 면접위원
건국대학교 교육대학원 외래교수
수원여자대학교 미용예술과 교수
인천 재능 대학교 교수
정화예술대학교 미용예술학부 교수
PCA한국퍼스널컬러코디네이터협회 학술이사
대한미용복지협회 고문
서울시 교육청 진로상담 교사
소상공인대학 창업 학교 실전창업과정 교수
국립 농 학교 직업 탐색 교사
미용능력개발협회 민간자격 분과 위원
저서) 알기 쉬운 헤어 미용학개론 / 이온숙 노블레스 업스타일 외

**이행숙(LEE HYUNG SUK)**
wnwn9912@sart.ac.kt
현) 서울예술실용전문학교 전임교수
현) 정화예술대학교 겸임교수
서경대학교 외래교수
서경대학교 미용예술학부 석사졸업
서경대학교 미용예술학부 박사졸업
사) 한국미용장협회 총무위원장
사) 한국미용경영학회 이사
한국산업인력공단 미용장 실기 감독위원
한국산업인력공단 미용사(헤어.메이크업.네일)실기감독위원
저서) 베이직 헤어스타일링 / 뷰티토탈고객서비스 외

## 참고문헌


■ 단행본

강경화, 메이크 유 업, 도서출판국제, 2007

강근영 외 2인, 메이크업 디자인, 훈민사, 2003

강정인 외, 최신 공중 보건학, 가담, 2021.

국제 헤어디자인 연구회 지음, C.C.C.청구문화사, 2006

곽형심 외 8인, 미용학개론, 정문각, 1999

권기형 외 7명, Blow Dry.청구문화사, 2006

권기형 외 9명, 블로우 드라이. 청구문화사. 2006

김계숙 외 6인, 미용학개론. 고문사, 2007

김금란 외, 미용과 근육, 메디시언, 2018.

김기영 외, 미용인을 위한 해부생리학,  메디시언, 2017.

김남희, 기초 메이크업, 예림, 2003

김선희 외 4인, 헤어퍼머넌트웨이브, 메디시언, 2016

김수연 외 1인, 네일 케어 & 아트, 구민사, 2020

김은숙 외 9인, 미용경영학, 메디시언, 2018

김은주 외, 피부미용학 개론, 구민사, 2020.

김주섭 외 7인, 미용학개론, 구민사, 2011

김춘자 외 4인, 미용기기관리학, 훈민사, 2014

김한식 편저, 모발생리학 ,현문사, 1999

김효정 외 2인, 메이크업 미용사 필기, 에듀웨이, 2021

김희숙, 이은임, 메이크업과 패션, 수문사, 1996

노희영 외 3인, 실용 메이크업, 광문각, 2009

릴리안 베르너 본즈(환창환 번역), 몸과 마음을 치료하는 색채, 도서출판국제, 2008

박영수, 색채의 상징, 색채의 심리, 살림출판사, 2003

사단법인 한국색채학회, 이제는 색이다, 도서출판국제, 2002

색채정보연구소, 컬러 이미지 사전, 도서출판국제, 2007

신완선, 컬러 리더십, 더난출판, 2002

애너 스타머(문완묵 외 번역), 아름다운 배색, 도서출판국제, 2007

양은진 외 4인, 헤어 컬러링, 메디시언, 2022

윤수용, 미용경영학 개론, 훈민사, 2016

윤천성 외 6인, 모발과 두피관리, 훈민사, 2004

오선숙 외 5인, 이미지 메이킹, 경춘사, 2022

이덕수 외 3인, 경락의 이론과 실제, 훈민사, 2004

이순철, 시선을 사로잡는 HAIR Make Over, 담소, 2011

이원경, 모발미용학, 청구문화사, 1998

이정숙, 미용사 필기문제, 명성, 2007

이화순 외 4인, 메이크업 미학, 경춘사, 2010

잉거 네스(김정숙 번역), 삶을 풍요롭게 하는 컬러 에너지, 슈리 크리슈나다스 아쉬람, 2006
정찬이 외 3인, 블로우 드라이 & 아이론, 광문각, 2019
조명숙 외 6명, 모발학, 훈민사, 2005
한성진 외 5인, 업스타일 아티스트 자격검정실기패턴, 한국업스타일전문가협회, 2018
한영숙 외 6인, 피부미용학, 청구문화사, 2008
한채정 외, 최신 피부미용학, 훈민사, 2019.
Healing hair care institute, Hair Care Art, 현문사, 2002
Narendra mehta, 인도의 헤드 마사지, 현문사, 2002
DAVID SHIER 외, 해부생리학,  라이프 사이언스, 2015.
SALVATORE BATTAGLIA, 살바토레의 아로마테라피 완벽 가이드, 현문사, 2008.

## ■ 논문

김선희, 홍인선. (2013). 네일아트 표현기법의 종류와 네일아트 샵 이용 실태 및 만족도에 관한 연구. 한국화장품미용학회지, 제3권 1호.
송미경(2015), 두상분석에 의한 보정 헤어커트 연구, 국내박사학위논문 영산대학교, 경상남도 .
오서현(2021), 메이크업 분야별 특성을 반영한 교육 방향성 연구, 한국융합학회논문지, 제12권 3호.
오윤경 · 이경희(2006), 퍼스널스타일의 유형분석과 이미지 연구, 한국의류학회지, 제30권 1호.
이경하(2012), 로버트 가네(Robert Mills Gagne)의 학습이론을 활용한 헤어미용 지도 방안 연구, 국내석사학위논문 성결대학교 교육대학원, 경기도.
이화진(2003), 특수분장 디자인 기법의 적용재료에 관한 연구, 국내석사학위논문 한성대학교, 서울.

## ■ 인터넷 사이트

https://blog.naver.com/bosungabi
http://terms.naver.com/item.nhn?dirld
https://blog.naver.com/isaaccolor/150108417498
https://blog.naver.com/bboydg35/110169002349
https://www.mimint.co.kr/mpic/view.asp?bidx=3528299
https://blog.naver.com/kjjlsb/221647795559
https://blog.naver.com/jinnha2/221793493430
https://blog.naver.com/wlswjdwkdb/221570495069
https://blog.naver.com/kimgahyun-87/221794036943
https://blog.naver.com/jayuyu/222610890176
https://post.naver.com/viewer/postView.nhn?volumeNo=19447111&memberNo=33796646&vType=VERTICAL
https://m.post.naver.com/viewer/postView.nhn?volumeNo=10723224&memberNo=5033550&vType=VERTICAL
https://blog.naver.com/qmfosej/222573491955
https://blog.naver.com/personalcolor/220575095692

## ■ 그림출처

[1장]

gettyimages-1423603991

[2장]

gettyimages-1394404362
gettyimages-973075324
gettyimages-153816392
gettyimages-153548014
gettyimages-1338309782
gettyimages-1295795919
gettyimages-1180170440

[3장]

gettyimages-1318392310

[4장]

gettyimages-1394362038
gettyimages-479561151
gettyimages-a10989702

[5장]

gettyimages-1223387188
gettyimages-956383346
gettyimages-1307474962
gettyimages-1167417548
gettyimages-185219480
gettyimages-155674158

[6장]

gettyimages-a10990048

[7장]

gettyimages-a10990068
gettyimages-1387778533
gettyimages-451856881
gettyimages-1385314011
gettyimages-1041057286
gettyimages-1302625337
gettyimages-1225331353
gettyimages-931388236
gettyimages-523036949
gettyimages-533245869
gettyimages-1167054328
gettyimages-521209358

[9장]

gettyimages-a10989826

[10장]

gettyimages-1137092156
gettyimages-1006095402

[11장]

gettyimages-1406694208

[12장]

gettyimages-1226208968

[13장]

gettyimages-898396434

[14장]

gettyimages-1072555834

[15장]

gettyimages-1161753481
https://www.instagram.com/hjini.5861/(네일아트사진)

[16장]

gettyimages-1418733730